まえがき

自然界に起こる物理現象の多くは，微分方程式や積分方程式によって表すことができる．ラプラス方程式，波動方程式，拡散方程式等である．これらは連続関数として表すが，離散関数（差分方程式）としても表現できる．これは，差分形式の連立方程式となる．これを解くことによって，温度の空間分布の時間変化，波動の伝わり方（波動ポテンシャルの時間変化），流体の流れの場の時間変化，構造強度（応力解析），電位による電解強度の分布等の解が得られる．

実際の物理現象を表現した連立方程式は，時として与えられる方程式の数が未知数を下回っているような場合がある．不良設定問題である．これに対して与えられる方程式の数が未知数よりも多い場合を良設定問題という．不良設定問題は，また，劣決定問題と呼ばれることもある．未知数と与えられる方程式の数が等しい場合を平衡決定問題，また，未知数よりも与えられる方程式の数が上回っているような場合を優決定問題とも呼んでいる．

コンピュータビジョン，ロボットビジョンの場合における2次元画像として得られる自然界の映像から3次元画像をコンピュータ内に再構成するような場合，また，3次元物体として認識，理解するような場合等も2次元から3次元を復元する問題であるのでこれは不良設定問題である．また，コンピュータトモグラフィ（CT），磁気共鳴画像（MRI）等のように対象物の3次元画像を再構成する場合も同様に不良設定問題である．さらに，人工衛星に搭載された地球観測センサデータから大気中組成分子の3次元分布を推定，または，大気の影響を除去して地表面，海表面の物理パラメータを推定するような場合も不良設定問題となる．これらのような場合，2 次元画像から対象物に関する先験的知識，情報等に基づいて 3 次元画像を復元，または，未知パラメータに関するモデル（先験的知識）に基づき，これによって解を拘束して解くことになる．すなわち，これらの場合，先験情報，知識が不足する次元を補って，また，与えられる方程式を補って，解くことになる．また，先験情報，知識を拘束条件として与えられる方程式に付加して解くことになる．したがって，不良設定問題は，本質的に，解けない場合（解が不定），解が一意に求められない（解の一意性），安定した解が求められない（解の安定性），解の精度が低い等の問題をはらんでいる．そのため，不良設定問題は，これらの求めた解の吟味を行わなければ安心して解を信用することができない．また，与える先験情報，知識およびモデルの信頼性，妥当性等が解の精度に大いに関わっている．したがって，モデルの妥当性，先験情報，知識の信頼性の評価は極めて重要である．

線形代数は，良設定問題（平衡決定問題，優決定問題）の解法を与える（連立 1 次方程式，最小二乗法の解として，または，逆行列によって解くことができる）が，不良設定問題は解けない．応用線形代数は，線形代数に基づき，不良設定問題（劣決定問題）に対しても一般逆行列の解として解くことができる．応用線形代数の良書は多くあるが，一般逆行列の解法を詳述したものが多く，この手法の物理的意味，解の吟味の方法，この解法の実際的応用等についてカバーする良書は少ない．

本書は，この学問分野へのモチベーションを高め，興味を持って学習してもらえるように工夫をしたものである．そのため，まず，自然界に起きる物理現象等から連立方程式の解法が重要な理由を事例を挙げて示し，線形代数の復習，ならびに，連立方程式の解法を詳述する．良設定問題の解法を学習した後に，不良設定問題の事例を紹介し，一般逆行列を導入し，その解法を紹介する．また，解の吟味の方法を紹介し，さらに，具体的な応用例として地球観測衛星データから地表面の物理量を推定する問題を例としてその解法，ならびに，解の精度評価を詳述する．

本書は，不良設定問題およびその解法である一般逆行列が独習できるように工夫したものであり，練習問題を各章毎に多く掲載し，理解度をチェックしながら読み進めるようにした．

本書が，不良設定問題に興味を持つ読者の参考となり，これを習得する方々の助けになれば幸いである．なお，筆者が浅学非才であるがゆえの記述の誤りや数式の表現に不適切な箇所等が散見されるものと考える．ご叱責戴ければ幸甚である．

平成 18 年 7 月 佐賀大学 新井研究室にて著者記す．

目　　次

第 1 章

一般逆行列の物理的意味

自然界に起こる物理現象の多くは，微分方程式や積分方程式によって表すことができる．たとえば，エネルギーが伝わる方法に (1) 伝導，(2) 対流，(3) 電磁放射があるが，伝導を例にとると，1 次元の熱伝導方程式は，

$$\frac{\partial u}{\partial t} = a^2 \frac{\partial^2 u}{\partial x^2} \tag{1.1}$$

となる．ここで u, t, x は，それぞれ，温度，時刻，位置であり，また，a^2 は熱伝導率である．すなわち，温度の時間変化（時間微分）は，温度の空間位置の 2 階偏微分に比例し，その比例定数は熱伝導率である．これは，温度というエネルギーが拡散する様子を表しており，これを拡散方程式という．現実世界は 3 次元であるので，3 次元熱伝導（拡散）方程式は，

$$\frac{\partial u}{\partial t} = a^2 \frac{\partial^2 u}{\partial x^2} + b^2 \frac{\partial^2 u}{\partial y^2} + c^2 \frac{\partial^2 u}{\partial z^2} \tag{1.2}$$

となり，x, y, z 方向の熱伝導率 a^2, b^2, c^2 が等方的で 1 とおくと，

$$\frac{\partial u}{\partial t} = \frac{\partial^2 u}{\partial x^2} + \frac{\partial^2 u}{\partial y^2} + \frac{\partial^2 u}{\partial z^2} \tag{1.3}$$

の拡散方程式が導かれる．たとえば，$t = 0$ において鉄棒の温度分布が，

$$T = e^{-(x-20)^2} \tag{1.4}$$

であったものが，時間とともに温度が周囲に拡散して $t = 100$ において平坦に，また，0 度になる様子は，図 1.1 のように示される．

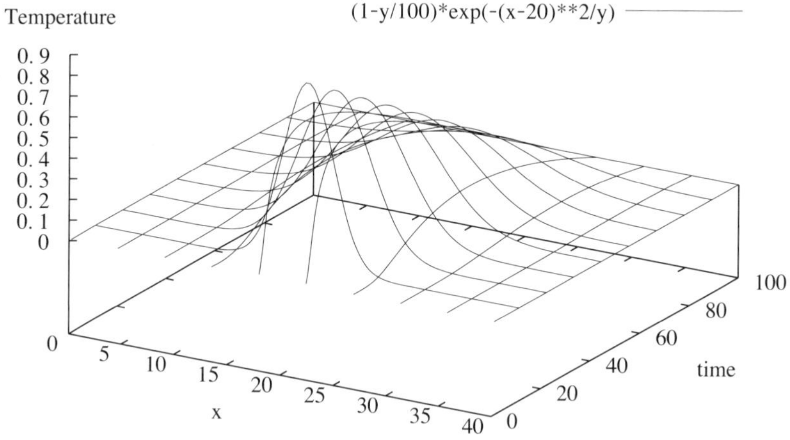

図 1.1　熱伝導の様子，1 次元拡散方程式

左辺を 0 とした場合をラプラス方程式，また，$\partial^2 u/\partial t^2$ とした場合を波動方程式と呼ぶ．さらに，左辺を x, y, z の関数とすると，ポアソン方程式が得られる．それぞれ，静電場，磁場，重力場，定常状態の熱の分布等はラプラス方程式，波動現象は波動方程式によって表現される．例として鉄板上の温度分布の時間変化を考えると，時刻 t における鉄板位置 x, y における温度，$u(t, x, y)$ は，熱伝導率 a, 鉄板の非熱 σ, 鉄板の面密度 ρ として，この現象の支配法則は熱量保存の法則であるので，

$$\sigma\rho\frac{\partial u}{\partial t} = a\left(\frac{\partial^2 u}{\partial x^2} + \frac{\partial^2 u}{\partial y^2}\right)\frac{a}{\sigma\rho} = 1.0 \tag{1.5}$$

のポアソン方程式となる．

拡散方程式の解法を考える．この偏微分 $\partial u/\partial t$ は，温度の時間変化分であるので，また，2 階偏微分 $\partial^2 u/\partial x^2$ は，温度の位置に関する 2 次変化分であ

るので，

$$\frac{\partial u}{\partial t} = \frac{u(t+\triangle t, x) - u(t, x)}{\triangle t} \tag{1.6}$$

$$\frac{\partial^2 u}{\partial x^2} = \frac{u(t, x+\triangle x) + u(t, x-\triangle x) - 2(u, t)}{\triangle x^2} \tag{1.7}$$

が成立し，結局，

$$\frac{u(t+\triangle t, x) - u(t, x)}{\triangle t} = \frac{u(t, x+\triangle x) + u(t, x-\triangle x) - 2(u, t)}{\triangle x^2} \tag{1.8}$$

となり，差分形式によって表現できる．同様に，y, z 方向偏微分についても差分形式にすると，

$$\frac{u(t+\triangle t, x) - u(t, x)}{\triangle t} \tag{1.9}$$

$$= \frac{u(t, x+\triangle x) + u(t, x-\triangle x) - 2(u, t)}{\triangle x^2} \frac{u(t+\triangle t, y) - u(t, y)}{\triangle t} \tag{1.10}$$

$$= \frac{u(t, y+\triangle y) + u(t, y-\triangle y) - 2(u, t)}{\triangle y^2} \frac{u(t+\triangle t, x) - u(t, x)}{\triangle t} \tag{1.11}$$

$$= \frac{u(t, z+\triangle z) + u(t, z-\triangle z) - 2(u, t)}{\triangle z^2} \tag{1.12}$$

となり，連立方程式によって表現できるようになる．現実には初期条件

$$u(x, 0), u(y, 0), u(z, 0)$$

や境界値条件

$$u(x_0, t), u(x_1, t), u(y_0, t), u(y_1, t), u(z_0, t), u(z_1, t)$$

を，2 階微分を差分近似した連立方程式に入力し，各座標位置における温度の時間変化を求めることができる．

ラプラス方程式も波動方程式も拡散方程式と同様に差分方程式として表現でき，連立方程式を解くことによって，温度の空間分布の時間変化，波動の伝わり方（波動ポテンシャルの時間変化），流体の流れの場の時間変化，構造強度（応力解析），電位による電解強度の分布等の解が得られる．したがっ

て，連立方程式を解くことが自然現象，物理現象を解明することにつながり，逆に，自然現象，物理現象は連立方程式という数学的モデルによって表現できたことになる．したがって，数学モデルをプログラムによって表現すると，数値シミュレーションが可能になることを意味している．数値シミュレーションは，

- 生物および生態系：ライフゲーム，進化アルゴリズム，遺伝的アルゴリズム等
- 化学系：化学反応，スペクトル，合成，薬品の機能と構造等
- 物理系：結晶（固体），液体，気体等
  - 流体：風，乱流，衝撃波，音波，津波等
  - 天体：銀河衝突，恒星の進化等
  - 電磁気：回路，デバイス，光学等
- バイオ：タンパク質，ゲノム，細菌，組織，器官等
- 経済：株価，物流等
- 人間行動，心理学等
- 気象：数値予報，台風進路，温暖化等
- 地殻：地震予知，地震波解析，地殻変動等
- 建築，土木：ビル耐震，橋梁強度，耐震，耐風計算等

に応用範囲が広がっている．また，数値シミュレーションは，比較的安価に，物理的，化学的，生物および生態的な本質を捉え，対象のパラメータを容易に変更して見ることができ，人間の立ち入ることのできないような極限環境下における物理的知見を与え，現象の予測と吟味を可能にするので上述の対象において極めて有用である．

実際の物理現象を表現した連立方程式は，時として与えられる方程式の数が未知数を下回っているような場合がある．不良設定問題である．逆に上回っている場合（良設定問題）には最小二乗の意味で最適な解が求められるが，不良設定問題は，何らかの方程式の数を増す努力が必要である．あらかじめ解に関する先験的な知識，情報が与えられるならば，それによって解を

拘束して解くことによって解が求められる．この場合，拘束条件式が不足している方程式の数を補っている．本書は，このような状況を想定して，特に，不良設定問題の解法を紹介するとともにその予備知識として必要となる線形代数を復習し，連立方程式の解法，一般逆行列の導入，線形逆問題の解法，そして，最後に，適応例を示している．

第2章

線形代数の基礎

2.1 ベクトル

ベクトルとは大きさと方向によって定義される．スカラーは，大きさのみによって定義される．質量，時間，長さ等の方向の定義が必要のない量をスカラー量，力，速度，加速度，電界，磁界等のその大きさと方向が定義されて意味を持つ量をベクトル量という．たとえば，地球の周りを回る人工衛星の軌道を考えると，その速度ベクトルは，向心力（引力）ベクトルと遠心力ベクトルとの合成ベクトルとして表せる．これを方向と力の大きさと別々に解析するよりも，ベクトルで大きさと方向を表現して解析する方が遥かにわかりやすい．この時，原点は地球重心におき，人工衛星の始点を定めて解析する．このように原点が定まっているベクトルのことを束縛ベクトル，逆に，定まっていないベクトルを自由ベクトルという．ベクトルは大きさと方向で定義できる．ここで，ベクトル $\boldsymbol{A}$（ベクトルの表記はスカラー表記と区別するためにゴシック，または，ボルドで表す）は始点（P）から終点（Q）への矢印を付けた線分（有向線分）により定義されている．

$$\boldsymbol{A} = \overrightarrow{PQ} \tag{2.1}$$

ベクトルはユークリッド空間（一般にはアフィン空間）における有向線分として定義できる．この線分の長さをベクトルの大きさ，または，絶対値 $|\boldsymbol{A}|$ を呼んでいる．$|\boldsymbol{A}| = 1$ を単位ベクトル，$|\boldsymbol{A}| = 0$ をゼロベクトルと呼ぶ．

2.2　1 次独立と 1 次従属

ベクトル空間 V に $\boldsymbol{a}_1, \boldsymbol{a}_2, \ldots, \boldsymbol{a}_n$ の任意のベクトルとした時，

$$k_1\boldsymbol{a}_1 + k_2\boldsymbol{a}_2 + \cdots + k_n\boldsymbol{a}_n \tag{2.2}$$

をこれらのベクトルの 1 次結合と呼ぶ．また，これらの n 個のベクトルのうち，少なくとも 1 つが残りのベクトルの 1 次結合で表せる場合，1 次従属という．逆に表せない場合は，1 次独立という．図 2.1 にベクトル $\boldsymbol{A}$ を示す．この例では，$\boldsymbol{a}_1, \boldsymbol{a}_2, \boldsymbol{a}_3$ の x, y, z 方向のベクトルの合成としてのベクトル $\boldsymbol{A}$ であり，それぞれのベクトルの大きさは，k_1, k_2, k_3 である．

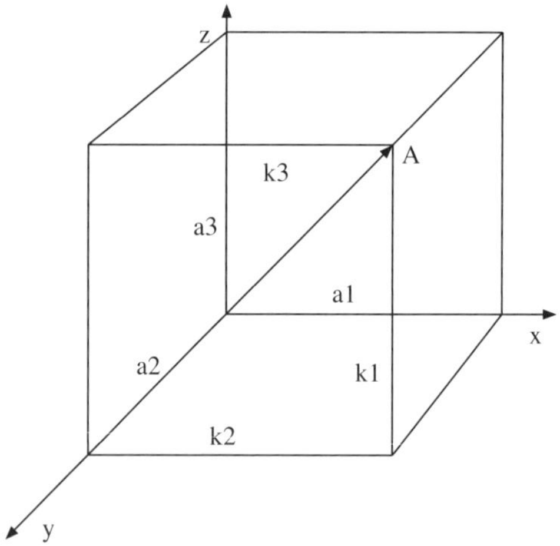

図 2.1　ベクトル $\boldsymbol{A}$

ベクトル空間 V が 1 次独立な m 個のベクトルを含み，$n+1$ 個以上のどんなベクトルを考えても 1 次従属になってしまう場合，このベクトル空間 V は m 次元であるという．また，この時の m 個のベクトルを V の基底という．

2.3 行列

行列は，

$$\boldsymbol{A} = \begin{pmatrix} a_{11} & a_{12} & \cdots & a_{1n} \\ \vdots & \vdots & \ddots & \vdots \\ a_{n1} & a_{n2} & \cdots & a_{nn} \end{pmatrix} \tag{2.3}$$

と書ける．また，

$$\boldsymbol{A} = \begin{pmatrix} a_{11} & a_{12} & \cdots & a_{1n} \end{pmatrix} \tag{2.4}$$

のようなベクトルを横ベクトル，さらに，

$$\boldsymbol{A} = \begin{pmatrix} a_{11} \\ \vdots \\ a_{n1} \end{pmatrix} = (a_{11}, a_{21}, \ldots, a_{n1})^t \tag{2.5}$$

のようなベクトルを縦ベクトルという．

2.4 行列とベクトル

$m \times n$ 行列 A は，m 個の要素からなる n 個の行ベクトル，または，n 個の要素からなる m 個の列ベクトルからなる．たとえば，$n = 3, m = 4$ の行列は，

$$A = \begin{pmatrix} a_{1,1} & a_{1,2} & a_{1,3} & a_{1,4} \\ a_{2,1} & a_{2,2} & a_{2,3} & a_{2,4} \\ a_{3,1} & a_{3,2} & a_{3,3} & a_{3,4} \end{pmatrix} \tag{2.6}$$

となる．この $a_{i,j}$ を行列の要素と呼ぶ．また，特に，$a_{i,i}$ を対角要素と呼ぶ．すなわち，この行列は，4 つの行ベクトル，または，3 つの列ベクトルによ

り定義されている．また，この行列は $m \times n$ 次元のベクトル空間を作っている．この行と列を入れ換えた行列のことを転置行列と呼び，A^t と表す．さらに，行と列の数が等しい $n \times n$ 行列 B を正方行列と呼ぶ．この行列の要素が実数である場合，実正方行列と呼び，特に，

$$B^t = B \tag{2.7}$$

が成り立つ時，これを実対称行列 X と呼ぶ．また，

$$B^t = -B \tag{2.8}$$

の時，実交代行列 Y と呼ぶ．さらに，任意の実正方行列は実対称行列と実交代行列の和で表すことができる．

$$X = (B + B^t)/2 \tag{2.9}$$

$$Y = (B - B^t)/2 \tag{2.10}$$

実正方行列の対角線上に並ぶ要素を対角要素と呼ぶ．この対角線の上側，または，下側の部分の要素のすべてが 0 であるような場合，三角行列と呼ぶ．また，これら上側，下側のすべてが 0 である行列（対角要素しか 0 以外の要素を持たない）を対角行列と呼ぶ．さらに，この対角要素のすべてが 1 になる行列を単位行列と呼び，I で表す．さらに，任意の行列 A において 1 次独立な行ベクトルの最大数をその行列のランクと呼び，$\mathrm{rank}\,A$ と表記する．

2.5　ベクトルの和と差

スカラー量 a, b の和は，スカラー量が大きさのみの量であるので $a + b$ で表せた．しかし，ベクトル $\boldsymbol{A}$, $\boldsymbol{B}$ の和は，ベクトル量が大きさと方向によって定義しているので大きさの和に方向を考慮して求める必要がある．このベクトルの和の定義を図 2.2 に示す．

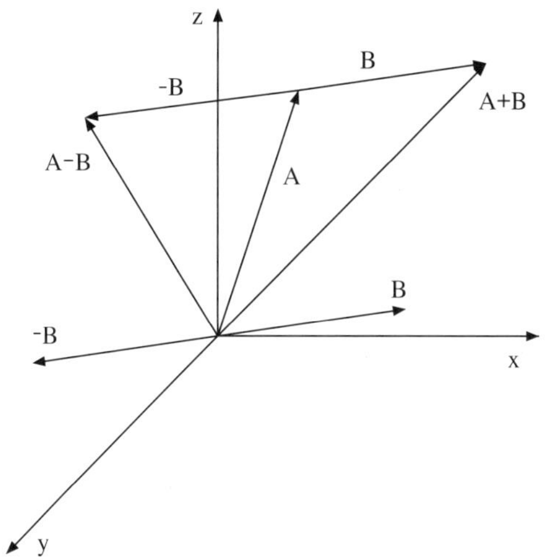

図 2.2 ベクトルの和と差の定義

ここでベクトルは大きさと方向によって定義しているのでユークリッド空間においてこのベクトルを平行移動しても変わらない．したがって，$\boldsymbol{A}$ の終点に $\boldsymbol{B}$ の始点が合うようにベクトル $\boldsymbol{B}$ を平行移動しても $\boldsymbol{B}$ は不変である．$\boldsymbol{C} = \boldsymbol{A} + \boldsymbol{B}$ のベクトルは，そのため，$\boldsymbol{A}$ の始点から平行移動した $\boldsymbol{B}$ の終点までの方向と大きさを持ったものとして求めることができる．また，$\boldsymbol{C} = \boldsymbol{A} - \boldsymbol{B}$ は $\boldsymbol{B}$ と方向が逆の $-\boldsymbol{B}$ を $\boldsymbol{A}$ に加えればよいので $\boldsymbol{A}$ の終点にこの $-\boldsymbol{B}$ の始点を合わせ，$\boldsymbol{A}$ の始点から $-\boldsymbol{B}$ の終点までの方向と大きさを持つベクトルとして求められる．ベクトルの和において以下の交換則，結合則が成り立つ．

$$\boldsymbol{A} + \boldsymbol{B} = \boldsymbol{B} + \boldsymbol{A} \tag{2.11}$$

$$\boldsymbol{A} + (\boldsymbol{B} + \boldsymbol{C}) = (\boldsymbol{A} + \boldsymbol{B}) + \boldsymbol{C} \tag{2.12}$$

同様に，行列の和と差は，行列の対応する要素同士の和と差を要素として

持つ行列になる．たとえば，$n = 3m = 4$ の行列同士の和は，

$$A + B = \begin{pmatrix} a_{1,1} & a_{1,2} & a_{1,3} & a_{1,4} \\ a_{2,1} & a_{2,2} & a_{2,3} & a_{2,4} \\ a_{3,1} & a_{3,2} & a_{3,3} & a_{3,4} \end{pmatrix} + \begin{pmatrix} b_{1,1} & b_{1,2} & b_{1,3} & b_{1,4} \\ b_{2,1} & b_{2,2} & b_{2,3} & b_{2,4} \\ b_{3,1} & b_{3,2} & b_{3,3} & b_{3,4} \end{pmatrix} \quad (2.13)$$

$$= \begin{pmatrix} a_{1,1} + b_{1,1} & a_{1,2} + b_{1,2} & a_{1,3} + b_{1,3} & a_{1,4} + b_{1,4} \\ a_{2,1} + b_{2,1} & a_{2,2} + b_{2,2} & a_{2,3} + b_{2,3} & a_{2,4} + b_{2,4} \\ a_{3,1} + b_{3,1} & a_{3,2} + b_{3,2} & a_{3,3} + b_{3,3} & a_{3,4} + b_{3,4} \end{pmatrix} \quad (2.14)$$

となる．

2.6　ベクトルの成分

これからは特に断らない限り 3 次元のユークリッド空間において定義するベクトルを扱う．この時，ベクトル **A** を各軸に正射影した時の長さ[*1]をベクトルの成分と呼び，ベクトル **A** はこれら成分の和として表せる．

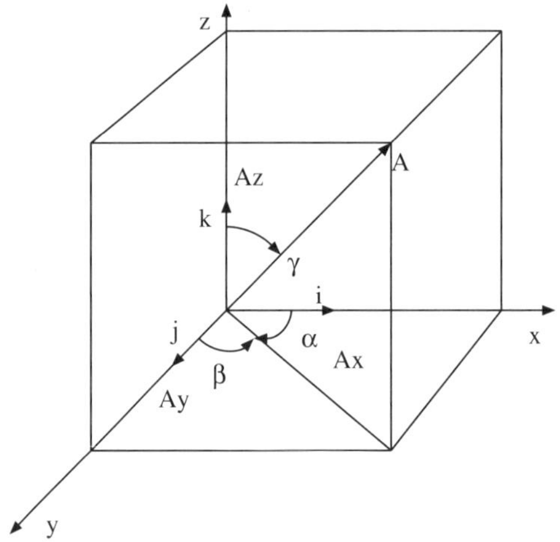

図 2.3　ベクトルの成分の定義

[*1] 各座標軸にベクトルの端点から垂線を引いた時の各座標軸の値

$$\boldsymbol{A} = A_x\boldsymbol{i} + A_y\boldsymbol{j} + A_z\boldsymbol{k} \tag{2.15}$$

これら A_x, A_y, A_z をベクトルの成分（それぞれ，x, y, z 成分）および $\boldsymbol{i}, \boldsymbol{j}, \boldsymbol{k}$ を基本ベクトル（大きさが 1 で，方向が各軸に一致しているベクトル），または，基底ベクトルと呼んでいる．これら成分を用いてベクトルの大きさ $|\boldsymbol{A}|$ を表せば，

$$|\boldsymbol{A}| = \sqrt{A_x^2 + A_y^2 + A_z^2} \tag{2.16}$$

となる．また，

$$A_x = |\boldsymbol{A}|\cos\alpha \tag{2.17}$$

$$A_y = |\boldsymbol{A}|\cos\beta \tag{2.18}$$

$$A_z = |\boldsymbol{A}|\cos\gamma \tag{2.19}$$

である．これら $l = \cos\alpha$, $m = \cos\beta$, $n = \cos\gamma$ を $\boldsymbol{A}$ の方向余弦という．この方向余弦は $\boldsymbol{A}$ の向きを表す．これらは，さらに，

$$l = \frac{A_x}{|\boldsymbol{A}|} = \frac{A_x}{\sqrt{A_x^2 + A_y^2 + A_z^2}} \tag{2.20}$$

$$m = \frac{A_y}{|\boldsymbol{A}|} = \frac{A_y}{\sqrt{A_x^2 + A_y^2 + A_z^2}} \tag{2.21}$$

$$n = \frac{A_z}{|\boldsymbol{A}|} = \frac{A_z}{\sqrt{A_x^2 + A_y^2 + A_z^2}} \tag{2.22}$$

と表せる．これらから，

$$l^2 + m^2 + n^2 = 1 \tag{2.23}$$

となることがわかる．

2.7　ベクトル場とスカラー場

スカラー関数は，曲線上，曲面上，あるいは空間のある領域内の点で定義された座標系に無関係な一価関数である．この定義域のことをスカラー場という．今，スカラー関数を u が領域内の点 $P(x, y, z)$ によって決定されている時，$u = f(x, y, z)$, または，$u = f(P)$ と書く．同様に，ベクトル関数 $\boldsymbol{F}$ が曲線上，曲面上，あるいは空間のある領域内の点 $Q(x, y, z)$ で決定されているならば，この定義域をベクトル場と呼ぶ．

例題

3 次元空間内の点 $P_0(x_0, y_0, z_0)$ から任意の点 $P(x, y, z)$ までのユークリッド距離を定式化せよ．

解答例

ユークリッド距離 $f(P)$ は，

$$f(P) = f(x, y, z) = \sqrt{(x - x_0)^2 + (y - y_0)^2 + (z - z_0)^2} \tag{2.24}$$

となる．

例題

3 次元空間内に質点 A（質量：M）がある．他の質点 B（質量：m）は，空間内を自由に移動するものとし，質点 B に働く引力をベクトル関数で表せ．

解答例

引力の大きさ $|\boldsymbol{p}|$ は，重力定数を G とし，質点間の距離を r とすれば，

$$|\boldsymbol{p}| = GMm/r^2 \tag{2.25}$$

で表せる．ここで，

$$r = \sqrt{x^2 + y^2 + z^2}, \boldsymbol{r} = x\boldsymbol{i} + y\boldsymbol{j} + z\boldsymbol{k} \tag{2.26}$$

とすれば，$|\boldsymbol{r}| = r$ なので，$-\boldsymbol{r}/r$ は引力の働く方向の単位ベクトルとなる．これらから引力 $\boldsymbol{p}$ は，

$$\boldsymbol{p} = |\boldsymbol{p}|\left(-\frac{\boldsymbol{r}}{r}\right) = \frac{GMm}{r^2}\left(-\frac{\boldsymbol{r}}{r}\right) \tag{2.27}$$

$$= -GMm\frac{\boldsymbol{r}}{r^3} = -\frac{GMm}{r^3}(x\boldsymbol{i} + y\boldsymbol{j} + z\boldsymbol{k}) \tag{2.28}$$

$$= -GMm\frac{x}{r^3}\boldsymbol{i} - GMm\frac{y}{r^3}\boldsymbol{j} - GMm\frac{z}{r^3}\boldsymbol{k} \tag{2.29}$$

と表せる．

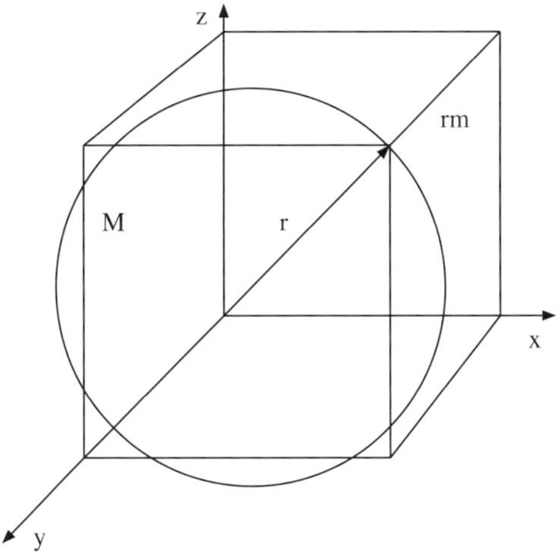

図 2.4　地球と人工衛星の幾何学的位置関係

2.8 ベクトルの積

ベクトルの積を定義する前に今 2 つの問題を考えてみる．

2.8.1 仕事

ニュートン力学では仕事 $\boldsymbol{W}$ を以下のように定義している．ある質点に力 $\boldsymbol{F}$ を加えて，$\boldsymbol{d}$ だけ動かしたとする．力も変位も大きさと方向があるのでベクトルと定義できる．また，それらの成す角を θ とすると，変位 $\boldsymbol{d}$ に $\cos\theta$ を乗じた距離（力 $\boldsymbol{F}$ の働く方向の距離）と力 $\boldsymbol{F}$ の積が仕事である．

$$\boldsymbol{W} = |\boldsymbol{F}||\boldsymbol{d}|\cos\theta = \boldsymbol{F}\cdot\boldsymbol{d} \tag{2.30}$$

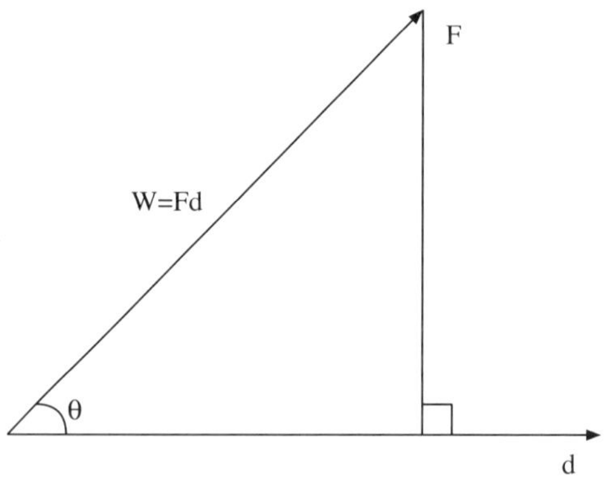

図 2.5　仕事の定義

2.8.2　モーメント

ニュートン力学ではモーメントを次のように定義している．原点から $\boldsymbol{r}$ 離れた質点に力 $\boldsymbol{F}$ が掛かっており，それらの成す角が θ とする．この質点に働くモーメント $\boldsymbol{M}$ の大きさは，$\boldsymbol{r}$ と $\boldsymbol{F}$ の作る平行四辺形の面積（$|\boldsymbol{r}||\boldsymbol{F}|\sin\theta$）であり，その方向は $\boldsymbol{r}$ と $\boldsymbol{F}$ の作る平面と直交する．

$$\boldsymbol{M} = |\boldsymbol{r}||\boldsymbol{F}|\sin\theta = \boldsymbol{r} \times \boldsymbol{F} \tag{2.31}$$

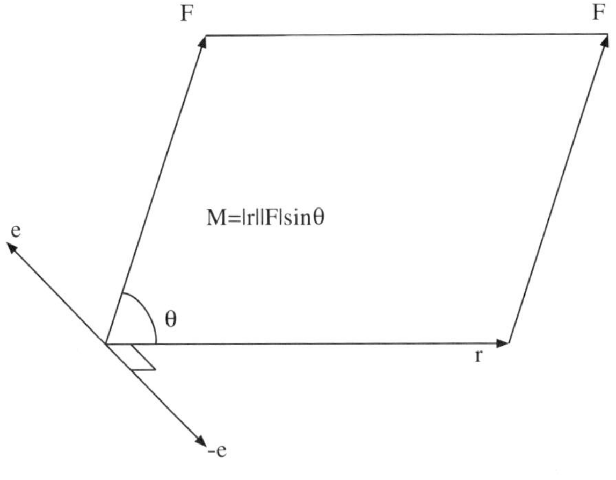

図 2.6　モーメントの定義

2.8.3　内積，スカラー積

ベクトルの積には内積および外積の 2 種類がある．内積は上の仕事を求める問題のようにベクトル同士の積の結果がスカラーになる場合であり，スカラー積とも呼ばれている．また，積の表記にドット（·）を使うところからドット積とも呼ばれる．

$$\boldsymbol{A}\cdot\boldsymbol{B} = |\boldsymbol{A}||\boldsymbol{B}|\cos\theta \tag{2.32}$$
$$= |\boldsymbol{A}|(|\boldsymbol{B}|\cos\theta) \tag{2.33}$$

第2式に示すように内積は $|\boldsymbol{A}|$ と $\boldsymbol{B}$ の $\boldsymbol{A}$ 上への正射影（$|\boldsymbol{B}|\cos\theta$）との積であることがわかる．

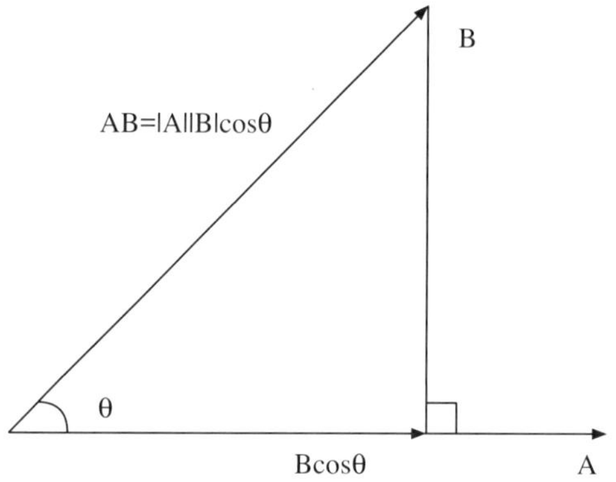

図 2.7 内積の定義

この内積において以下の交換則，分配則が成立する．

$$\boldsymbol{A}\cdot\boldsymbol{B} = \boldsymbol{B}\cdot\boldsymbol{A} \tag{2.34}$$
$$(\boldsymbol{A}+\boldsymbol{B})\cdot\boldsymbol{C} = \boldsymbol{A}\cdot\boldsymbol{C}+\boldsymbol{B}\cdot\boldsymbol{C} \tag{2.35}$$

$\boldsymbol{A}$ と $\boldsymbol{B}$ が直交するための必要十分条件は，$\boldsymbol{A}\cdot\boldsymbol{B}=0$ であり，$\boldsymbol{A}$ と $\boldsymbol{B}$ の交角が鋭角であるための必要十分条件は，$\boldsymbol{A}\cdot\boldsymbol{B}\geq 0$ であり，$\boldsymbol{A}$ と $\boldsymbol{B}$ の交角が鈍角であるための必要十分条件は，$\boldsymbol{A}\cdot\boldsymbol{B}\leq 0$ である．また，基本ベクトル同士の内積は，

$$\boldsymbol{i}\cdot\boldsymbol{i} = \boldsymbol{j}\cdot\boldsymbol{j} = \boldsymbol{k}\cdot\boldsymbol{k} = 1 \tag{2.36}$$
$$\boldsymbol{i}\cdot\boldsymbol{j} = \boldsymbol{j}\cdot\boldsymbol{k} = \boldsymbol{k}\cdot\boldsymbol{i} = 0 \tag{2.37}$$

となる．さらに，

$$\boldsymbol{A} \cdot \boldsymbol{A} = |\boldsymbol{A}|^2 \cos(0) = |\boldsymbol{A}|^2 \tag{2.38}$$

$$\cos\theta = \frac{\boldsymbol{A} \cdot \boldsymbol{B}}{|\boldsymbol{A}||\boldsymbol{B}|} = \frac{\boldsymbol{A} \cdot \boldsymbol{B}}{\sqrt{\boldsymbol{A} \cdot \boldsymbol{A}}\sqrt{\boldsymbol{B} \cdot \boldsymbol{B}}} \tag{2.39}$$

$$\boldsymbol{A} \cdot \boldsymbol{B} = (A_x\boldsymbol{i} + A_y\boldsymbol{j} + A_z\boldsymbol{k}) \cdot (B_x\boldsymbol{i} + B_y\boldsymbol{j} + B_z\boldsymbol{k}) \tag{2.40}$$

$$= A_xB_x + A_yB_y + A_zB_z \tag{2.41}$$

$$\cos\eta = \frac{A_xB_x + A_yB_y + A_zB_z}{|\boldsymbol{A}||\boldsymbol{B}|} \tag{2.42}$$

となる．

例題

下図のベクトルを用いて次の平面三角法の公式を導け．

$$\cos(\alpha - \beta) = \cos\alpha\cos\beta + \sin\alpha\sin\beta \tag{2.43}$$

$$\boldsymbol{A} = A_x\boldsymbol{i} + A_y\boldsymbol{j} \tag{2.44}$$

$$\boldsymbol{B} = B_x\boldsymbol{i} + B_y\boldsymbol{j} \tag{2.45}$$

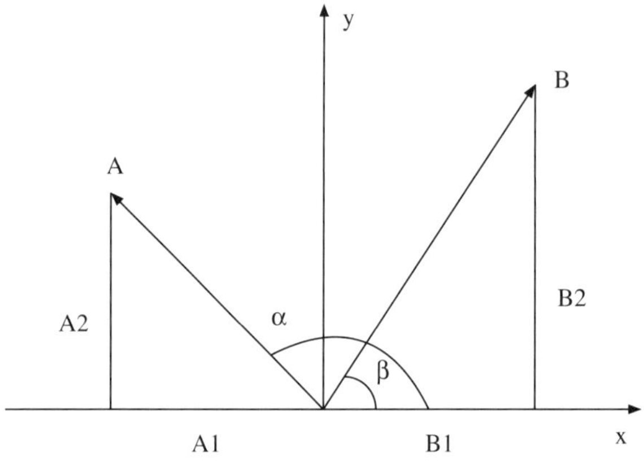

図 2.8　平面三角法の公式

解答例

図から容易にわかるように，

$$\cos(\alpha - \beta) = \frac{A_x B_x}{\boldsymbol{A} \cdot \boldsymbol{B}} + \frac{A_y B_y}{\boldsymbol{A} \cdot \boldsymbol{B}} \tag{2.46}$$

であり，これらは，また，以下のように書けるので，

$$\frac{A_x}{\boldsymbol{A}} = \cos\alpha \tag{2.47}$$

$$\frac{B_x}{\boldsymbol{B}} = \cos\beta \tag{2.48}$$

$$\frac{A_y}{\boldsymbol{A}} = \sin\alpha \tag{2.49}$$

$$\frac{B_y}{\boldsymbol{B}} = \sin\beta \tag{2.50}$$

公式は成立する．

例題

一般的な平行四辺形の対角線は，互いに他を二等分することを証明せよ．

解答例

辺 AB を $\boldsymbol{a}$, 辺 AD を $\boldsymbol{b}$ とすると，対角線 AC および DB は，それぞれ，

$$AC = \boldsymbol{a} + \boldsymbol{b} \tag{2.51}$$

$$DB = \boldsymbol{a} - \boldsymbol{b} \tag{2.52}$$

と表せる．この対角線の交点を M とすると，

$$AM = x(\boldsymbol{a} + \boldsymbol{b}) \tag{2.53}$$

$$DM = y(\boldsymbol{a} - \boldsymbol{b}) \tag{2.54}$$

となる．

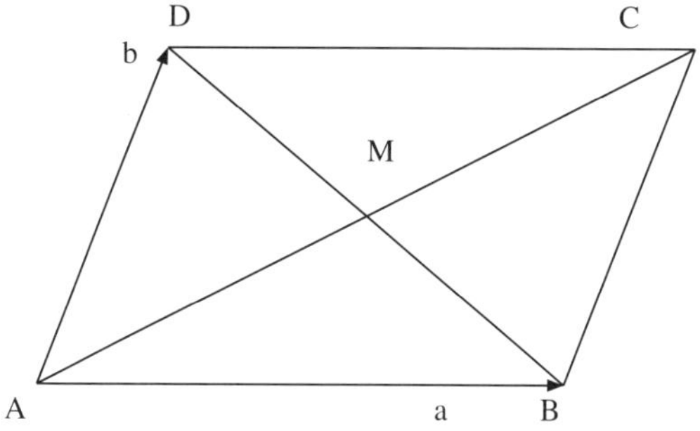

図 2.9　平行四辺形

よって，$\triangle ADM$ において，

$$\boldsymbol{b} + y(\boldsymbol{a} - \boldsymbol{b}) = x(\boldsymbol{a} + \boldsymbol{b}) \tag{2.55}$$

$$(x - y)\boldsymbol{a} + (x + y - 1)\boldsymbol{b} = 0 \tag{2.56}$$

$\boldsymbol{a}, \boldsymbol{b}$ は方向の異なるベクトルなので，

$$x - y = 0 \tag{2.57}$$

$$x + y - 1 = 0 \tag{2.58}$$

$$x = y = 1/2 \tag{2.59}$$

すなわち，$AM = AC/2, DM = DB/2$ となることが証明できた．

2.9 内積空間

ベクトル空間において以下の 3 つの公理の成立する空間を内積空間と呼ぶ．

1. ベクトル空間の任意のベクトル $\boldsymbol{a}, \boldsymbol{b}, \boldsymbol{c}$ および任意のスカラー k_1, k_2 に対し，

   $$\boldsymbol{c} \cdot (k_1\boldsymbol{a} + k_2\boldsymbol{b}) = k_1(\boldsymbol{a} \cdot \boldsymbol{c}) + k_2(\boldsymbol{b} \cdot \boldsymbol{c}) \tag{2.60}$$

   が成立すること（線形であること）および
2. $\boldsymbol{a} \cdot \boldsymbol{b} = \boldsymbol{b} \cdot \boldsymbol{a}$（対称であること）
3. $\boldsymbol{a} \cdot \boldsymbol{a}$ が 0 または正（非負）であり，$\boldsymbol{a}$ が 0 の時には $\boldsymbol{a} \cdot \boldsymbol{a}$ が 0 であること．

この内積空間において任意のベクトル $\boldsymbol{a}, \boldsymbol{b}$ について，

$$\boldsymbol{a} \cdot \boldsymbol{b} = 0 \tag{2.61}$$

が成立する時，これらベクトルは直交しているという．また，

$$|\boldsymbol{a}| = \sqrt{\boldsymbol{a} \cdot \boldsymbol{a}} \tag{2.62}$$

をベクトル $\boldsymbol{a}$ のノルムという．

2.9.1 外積，ベクトル積

外積はモーメントの定義に現れた積であり，その結果はベクトルになるのでベクトル積とも呼ばれている．また，外積の表記を × で行うことからクロス積とも呼んでいる．

$$\boldsymbol{A} \times \boldsymbol{B} = (|\boldsymbol{A}||\boldsymbol{B}|\sin\theta)\boldsymbol{e} \tag{2.63}$$

ここで $\boldsymbol{e}$ は $\boldsymbol{A}, \boldsymbol{B}$ の作る面と直交する方向の基本ベクトル（大きさ 1) である．この $\boldsymbol{e}$ の方向は，掛けられる方から掛ける方へ（$\boldsymbol{A}$ から $\boldsymbol{B}$ へ）右ねじの法則（人差し指から小指を掛けられる方から掛ける方へ方向をそろえた場合の親指の方向が $\boldsymbol{e}$ の方向になる．）にしたがっている．また，外積の結果のベクトルの大きさは，

$$|\boldsymbol{A}||\boldsymbol{B}|\sin\theta \tag{2.64}$$

であり，これは $\boldsymbol{A}, \boldsymbol{B}$ の作る平行四辺形の面積である．

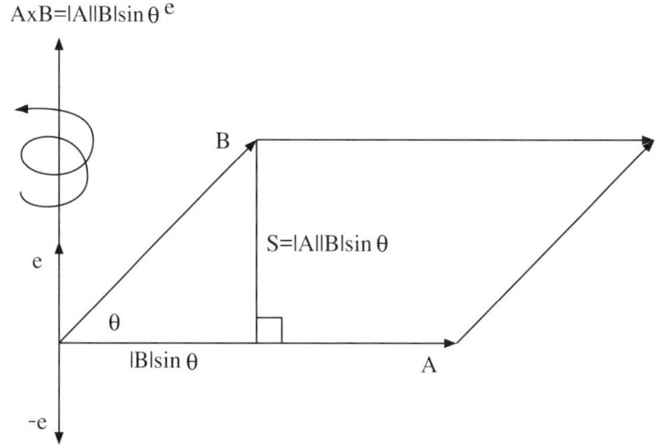

図 2.10 外積の定義

この外積では，交換則が成立しないが分配則は成立する．

$$\boldsymbol{A} \times \boldsymbol{B} = -\boldsymbol{B} \times \boldsymbol{A} \tag{2.65}$$

$$(\boldsymbol{A} + \boldsymbol{B}) \times \boldsymbol{C} = \boldsymbol{A} \times \boldsymbol{C} + \boldsymbol{B} \times \boldsymbol{C} \tag{2.66}$$

また，基本ベクトルは互いに直交する単位ベクトルなので，

$$\boldsymbol{i} \times \boldsymbol{i} = \boldsymbol{j} \times \boldsymbol{j} = \boldsymbol{k} \times \boldsymbol{k} = 0 \tag{2.67}$$

$$\boldsymbol{j} \times \boldsymbol{k} = \boldsymbol{i} \tag{2.68}$$

$$\boldsymbol{k} \times \boldsymbol{i} = \boldsymbol{j} \tag{2.69}$$

$$\boldsymbol{j} \times \boldsymbol{i} = \boldsymbol{k} \tag{2.70}$$

$$\boldsymbol{k} \times \boldsymbol{j} = -\boldsymbol{i} \tag{2.71}$$

$$\boldsymbol{j} \times \boldsymbol{k} = -\boldsymbol{j} \tag{2.72}$$

$$\boldsymbol{i} \times \boldsymbol{j} = -\boldsymbol{k} \tag{2.73}$$

となっている．さらに，任意のベクトル同士の外積は，

$$\boldsymbol{A} \times \boldsymbol{B} = A_x B_x \boldsymbol{i} \times \boldsymbol{i} + A_x B_y \boldsymbol{i} \times \boldsymbol{j} + A_x B_z \boldsymbol{i} \times \boldsymbol{k} \tag{2.74}$$

$$+ A_y B_x \boldsymbol{j} \times \boldsymbol{i} + A_y B_y \boldsymbol{j} \times \boldsymbol{j} + A_y B_z \boldsymbol{j} \times \boldsymbol{k} \tag{2.75}$$

$$+ A_z B_x \boldsymbol{k} \times \boldsymbol{i} + A_y B_y \boldsymbol{k} \times \boldsymbol{j} + A_z B_z \boldsymbol{k} \times \boldsymbol{k} \tag{2.76}$$

$$= 0 + A_x B_y \boldsymbol{k} - A_x B_z \boldsymbol{j} \tag{2.77}$$

$$- A_y B_x \boldsymbol{k} + 0 + A_y B_z \boldsymbol{i} \tag{2.78}$$

$$+ A_z B_x \boldsymbol{j} - A_z B_y \boldsymbol{i} + 0 \tag{2.79}$$

$$= (A_y B_z - A_z B_y)\boldsymbol{i} + (A_z B_x - A_x B_z)\boldsymbol{j} + (A_x B_y - A_y B_x)\boldsymbol{k} \tag{2.80}$$

$$= \begin{pmatrix} \boldsymbol{i} & \boldsymbol{j} & \boldsymbol{k} \\ A_x & A_y & A_z \\ B_x & B_y & B_z \end{pmatrix} \tag{2.81}$$

となる．

例題

地球上の任意の地点 P における速度は $\boldsymbol{v} = \boldsymbol{\omega} \times \boldsymbol{r}$ であることを証明せよ．

解答例

地球重心 O が回転軸上にあるとして，任意の地点までのベクトルを $\boldsymbol{r}$ とする．また，地球回転軸における北極点を N とし，ここから P までの距離を NP とすると，P における速度は，大きさとして，

$$NP\omega = (r\sin(\angle NOP))\omega \tag{2.82}$$

を持ち，平面 NOP に垂直で，

$$\boldsymbol{\omega}\times\boldsymbol{r} \tag{2.83}$$

と同じ方向になる．そのため，$\boldsymbol{v}$ は $\boldsymbol{\omega}\times\boldsymbol{r}$ と同じ大きさおよび方向を持つことから与式が成立する．

例題

外積を用いて，ベクトル，

$$\boldsymbol{a} = 6\boldsymbol{i} - 3\boldsymbol{j} + \boldsymbol{k} \tag{2.84}$$

$$\boldsymbol{b} = 2\boldsymbol{i} + 2\boldsymbol{j} - \boldsymbol{k} \tag{2.85}$$

の成す角を求めよ．

解答例

求める角を θ とおくと，$0 \leq \theta \leq \pi$ に対し $\sin\theta$ は非負であるから，

$$|\boldsymbol{a}\times\boldsymbol{b}| = ab\sin\theta \tag{2.86}$$

となる．さて，

$$\boldsymbol{a} \times \boldsymbol{b} = \begin{pmatrix} \boldsymbol{i} & \boldsymbol{j} & \boldsymbol{k} \\ 6 & -3 & 1 \\ 2 & 2 & -1 \end{pmatrix} \tag{2.87}$$

$$= \begin{pmatrix} -3 & 1 \\ 2 & -1 \end{pmatrix} \boldsymbol{i} - \begin{pmatrix} 6 & 1 \\ 2 & -1 \end{pmatrix} \boldsymbol{j} + \begin{pmatrix} 6 & -3 \\ 2 & 2 \end{pmatrix} \boldsymbol{k} \tag{2.88}$$

$$= \boldsymbol{i} + 8\boldsymbol{j} + 18\boldsymbol{k} \tag{2.89}$$

よって，

$$|\, \boldsymbol{a} \times \boldsymbol{b} \,| = \sqrt{389} \tag{2.90}$$

となる．同様に，$a = \sqrt{46}, b = 3$ であるので，

$$\sin\theta = \frac{|\, \boldsymbol{a} \times \boldsymbol{b} \,|}{ab} \tag{2.91}$$

$$= \frac{\sqrt{389}}{3\sqrt{64}} = 0.969 \tag{2.92}$$

となり，$\theta = 75.8$ となる．

2.9.2　行列の積

$m \times n$ 行列 $|A|$ と $n \times r$ 行列 $|B|$ の積は，3×2 行列と 2×3 行列との積をとると，

$$C = \begin{pmatrix} c_{11} & c_{12} \\ c_{21} & c_{22} \end{pmatrix} = \begin{pmatrix} a_{11} & a_{12} & a_{13} \\ a_{21} & a_{22} & a_{23} \end{pmatrix} \begin{pmatrix} b_{11} & b_{12} \\ b_{21} & b_{22} \\ b_{31} & b_{32} \end{pmatrix} \tag{2.93}$$

$$= \begin{pmatrix} a_{11}b_{11} + a_{12}b_{21} + a_{13}b_{31} & a_{11}b_{12} + a_{12}b_{22} + a_{13}b_{32} \\ a_{21}b_{11} + a_{22}b_{21} + a_{23}b_{31} & a_{21}b_{12} + a_{22}b_{22} + a_{23}b_{32} \end{pmatrix} \tag{2.94}$$

となる．結果として，C は $m \times r$ の行列になる．別のいい方をすると，行列 C の i, j 要素は，行列 A の i 行と行列 B の j 列の内積である．そのため，行列 A と行列 B の大きさが等しくなければ行列の積は定義できない．

2.10 行列の定義

行列を扱う場合，行列をいくつかの縦線と横線で分割して考えると便利なことがある．たとえば次のような行列の積を考える．

$$A = \begin{pmatrix} 1 & 2 & 3 & | & 4 \\ 5 & 6 & 7 & | & 8 \\ 9 & 0 & 1 & | & 2 \\ - & - & - & - & - \\ 3 & 4 & 5 & | & 6 \end{pmatrix}, \quad B = \begin{pmatrix} 9 & 8 & 7 & | & 6 \\ 5 & 4 & 3 & | & 2 \\ 1 & 0 & 1 & | & 2 \\ - & - & - & - & - \\ 3 & 4 & 5 & | & 6 \end{pmatrix} \tag{2.95}$$

縦線と横線で分けられた各ブロックを小行列という．ここで，

$$A_{11} = \begin{pmatrix} 1 & 2 & 3 \\ 5 & 6 & 7 \\ 9 & 0 & 1 \end{pmatrix}, A_{12} = \begin{pmatrix} 4 \\ 8 \\ 2 \end{pmatrix}, A_{21} = \begin{pmatrix} 3 & 4 & 5 \end{pmatrix}, A_{22} = \begin{pmatrix} 6 \end{pmatrix} \tag{2.96}$$

これより行列 A は，

$$A = \begin{pmatrix} A_{11} & A_{12} \\ A_{21} & A_{22} \end{pmatrix} \tag{2.97}$$

と表すことができる．行列 B を同じ方法で分割すると，行列 A, B の積は，

$$AB = \begin{pmatrix} A_{11} & A_{12} \\ A_{21} & A_{22} \end{pmatrix} \begin{pmatrix} B_{11} & B_{12} \\ B_{21} & B_{22} \end{pmatrix} \tag{2.98}$$

$$\begin{pmatrix} A_{11}B_{11} + A_{12}B_{21} & A_{11}B_{12} + A_{12}B_{22} \\ A_{21}B_{11} + A_{22}B_{21} & A_{21}B_{12} + A_{22}B_{22} \end{pmatrix} \tag{2.99}$$

で表すことができる．

行の数と列の数が同じ行列を正方行列と呼ぶ．この行の数を行列の次数という．すなわち，$n \times n$ の行列は正方行列でその次数は n となる．正方行列の対角成分以外の成分がすべて 0 の時，すなわち，

$$a_{ij} = 0, i \neq j$$

である A を対角行列と呼ぶ．A, B がともに対角行列である場合，$A+B$ も対角行列であり，AB, BA もともに対角行列である．また，$AB = BA$ である．特に，対角行列の対角要素がすべて 1, すなわち，

$$a_{ii} = 1$$

の行列 A を単位行列と呼び，I で表す．行列 A の行と列を入れ替えることによって得られる行列を転置行列と呼び，A^t と表す．行列 A, B に対して $(A+B)^t = A^t + B^t$ が成立ち，$(A^t)^t = A$ も成り立つ．また，$(AB)^t = B^t A^t$ である．

2.11　逆行列

スカラー変数の割り算は，割る方（除変数）の逆数を採って割られる方（被除変数）に掛ければよかった．y の逆行列 y^{-1} を作って割られる方の行列 x に掛ければ，

$$z = xy^{-1} \tag{2.100}$$

となる．この場合，行列が正則であればその逆行列は存在する．正則でない場合，一般逆行列や正則化手法等を用いて逆行列に相当する行列を導く．

実正方行列 A の逆行列とは，

$$AA^{-1} = A^{-1}A = I \tag{2.101}$$

の成立する時の A^{-1} のことである．逆行列の存在する行列は正則である．また，逆に逆行列の存在しない行列は特異行列と呼ばれる．

行列 A と C に次の関係があるとする．

$$AC = CA = I \tag{2.102}$$

この時，C は A の逆行列であるという．C を持つ行列 A を正則行列という．

$$C = A^{-1} \tag{2.103}$$

A が $m \times n$ 行列である時，適当な m 次正則行列 Q と n 次正則行列 P をとって，

$$QAP = \begin{pmatrix} 1 & 0 & \cdot & \cdot & \cdot & 0 & \cdot & 0 \\ 0 & 1 & 0 & \cdot & \cdot & 0 & \cdot & 0 \\ \cdot & \cdot & \cdot & \cdot & \cdot & 0 & \cdot & 0 \\ 0 & \cdot & \cdot & 0 & 1 & 0 & \cdot & 0 \\ 0 & \cdot & \cdot & \cdot & \cdot & \cdot & \cdot & 0 \\ \cdot & \cdot & \cdot & \cdot & \cdot & \cdot & \cdot & \cdot \\ 0 & \cdot & \cdot & \cdot & \cdot & \cdot & \cdot & 0 \end{pmatrix} \tag{2.104}$$

という形にすることができる．また，正方行列 A に対して $P^{-1}AP$ が対角行列になるようにすることを対角化という．$AC = I$ となるように対角要素がすべて 1 の対角行列に対角化できるならば，逆行列は求められることになる．

正方行列の逆行列は次式で表せる．

$$A^{-1} = \frac{1}{|A|}A' \tag{2.105}$$

ここで，$|A|$ は A の大きさ，行列式である．

$$A = \begin{pmatrix} a & b \\ c & d \end{pmatrix} \tag{2.106}$$

とすると，その行列式 $|A|$, または，$\det A$（デターミナント）は以下のように定義できる．

$$|A| = \det A = ad - bc \tag{2.107}$$

行列式は行列要素同士の演算なのでスカラー量である．2 次よりも高い次数の行列の行列式は，前出の小行列を使って展開することにより，2 次の行列式に変換して求める．すなわち，

$$\begin{pmatrix} a_{11} & a_{12} & a_{13} \\ a_{21} & a_{22} & a_{23} \\ a_{31} & a_{32} & a_{33} \end{pmatrix} \tag{2.108}$$

$$= a_{11}\begin{pmatrix} a_{22} & a_{23} \\ a_{32} & a_{33} \end{pmatrix} - a_{21}\begin{pmatrix} a_{12} & a_{13} \\ a_{32} & a_{33} \end{pmatrix} - a_{31}\begin{pmatrix} a_{12} & a_{13} \\ a_{22} & a_{23} \end{pmatrix} \tag{2.109}$$

となる．右辺の第 1 項は左辺の 1 行，1 列を除いた余りであり，余因子行列と呼ぶ．第 2 項以降も同様に余因子行列を作って小行列に展開すれば，これら小行列の行列式は定義により求められるので次数の高い行列の行列式は求められることになる．また，A' は A の余因子行列である．

$$A' = \begin{pmatrix} A_{11} & A_{21} & \cdot & A_{n1} \\ A_{12} & A_{22} & \cdot & A_{n2} \\ \cdot & \cdot & \cdot & \cdot \\ A_{1n} & A_{2n} & \cdot & A_{nn} \end{pmatrix} \tag{2.110}$$

ここで，A_{ij} は，A の要素から i 行，j 列の要素を除いた残りの要素を並べた行列であり，たとえば，A_{11} は，

$$A_{11} = \begin{pmatrix} A_{22} & \cdot & A_{n2} \\ \cdot & \cdot & \cdot \\ A_{2n} & \cdot & A_{nn} \end{pmatrix} \tag{2.111}$$

である．したがって，行列 A が逆行列を持つための必要十分条件は，

$$|A| \neq 0 \tag{2.112}$$

である．

例題

行列 A の逆行列を求めよ．

$$A = \begin{pmatrix} 3 & 2 & 1 \\ -1 & 2 & 1 \\ 0 & 1 & 3 \end{pmatrix} \tag{2.113}$$

解答例

$$|A| = \begin{pmatrix} 3 & 2 & 1 \\ -1 & 2 & 1 \\ 0 & 1 & 3 \end{pmatrix} = 20 \tag{2.114}$$

である．余因子行列は，

$$A_{11} = (-1)^{1+1}\begin{pmatrix} 2 & 1 \\ 1 & 3 \end{pmatrix} = 5 \tag{2.115}$$

$$A_{12} = (-1)^{1+2}\begin{pmatrix} -1 & 1 \\ 0 & 3 \end{pmatrix} = 3 \tag{2.116}$$

$$A_{13} = (-1)^{1+3}\begin{pmatrix} -1 & 2 \\ 0 & 1 \end{pmatrix} = -1 \tag{2.117}$$

$$A_{21} = (-1)^{2+1}\begin{pmatrix} 2 & 1 \\ 1 & 3 \end{pmatrix} = -5 \tag{2.118}$$

$$A_{22} = (-1)^{2+2}\begin{pmatrix} 3 & 1 \\ 0 & 3 \end{pmatrix} = 9 \tag{2.119}$$

$$A_{23} = (-1)^{2+3}\begin{pmatrix} 3 & 2 \\ 0 & 1 \end{pmatrix} = -3 \tag{2.120}$$

$$A_{31} = (-1)^{3+1}\begin{pmatrix} 2 & 1 \\ 2 & 1 \end{pmatrix} = 0 \tag{2.121}$$

$$A_{32} = (-1)^{3+2}\begin{pmatrix} 3 & 1 \\ -1 & 1 \end{pmatrix} = -4 \tag{2.122}$$

$$A_{33} = (-1)^{3+3}\begin{pmatrix} 3 & 2 \\ -1 & 2 \end{pmatrix} = 8 \tag{2.123}$$

$$A^{-1} = \frac{1}{|A|}\begin{pmatrix} A_{11} & A_{21} & A_{31} \\ A_{12} & A_{22} & A_{32} \\ A_{13} & A_{23} & A_{33} \end{pmatrix} = \frac{1}{20}\begin{pmatrix} 5 & -5 & 0 \\ 3 & 9 & -4 \\ -1 & -3 & 8 \end{pmatrix} \tag{2.124}$$

例題

上の例題の行列の逆行列が元の行列の逆行列であることを確認せよ．

解答例

$$AA^{-1} = \begin{pmatrix} 3 & 2 & 1 \\ -1 & 2 & 1 \\ 0 & 1 & 3 \end{pmatrix} \frac{1}{20}\begin{pmatrix} 5 & -5 & 0 \\ 3 & 9 & -4 \\ -1 & -3 & 8 \end{pmatrix}$$

$$= \frac{1}{20}\begin{pmatrix} 20 & 0 & 0 \\ 0 & 20 & 0 \\ 0 & 0 & 20 \end{pmatrix} = I \tag{2.125}$$

2.12 行列の形式

2.12.1 行列のトレース，対称行列と交代行列，ベキ零行列

正方行列の対角要素の和をトレースという．

$$\mathrm{trace}\,|A| = \sum_{i=1}^{n} a_{ii} \tag{2.126}$$

正方行列とその転置行列が等しい時，その行列を対称行列と呼ぶ．

$$A = A^t \tag{2.127}$$

また，

$$A^t = -A \tag{2.128}$$

の時，この行列を交代行列と呼ぶ．さらに，正方行列のベキとは，

$$A^n = A^{n-1}A \tag{2.129}$$

によって定義できる．特に，$A^k = 0$ となる自然数 k が存在する時，A をベキ零行列という．

2.12.2 双 1 次形式，2 次形式，エルミート形式

$$B = \sum_{l=1}^{n}\sum_{m=1}^{n} a_{lm}x_l y_m = x^t Ay \tag{2.130}$$

を双 1 次形式と呼ぶ．ここで，$a_{lm} x_l y_m$ は，それぞれ，A,x,y の要素である．A は係数行列と呼ばれる．また，$y = x$ の時，

$$D = \sum_{l=1}^{n} \sum_{m=1}^{n} c_{lm} x_l x_m = x^t C x \tag{2.131}$$

を 2 次形式と呼ぶ．この時，A が実行列ならば C は実対称行列になる．A の要素が複素数であり，その虚部の符号が正負逆の共役複素数の行列，$\bar{A}$ であって，

$$A^t = \bar{A} \tag{2.132}$$

となる場合，この係数行列 A はエルミート行列と呼ばれる．上の式からエルミート行列の対角要素は全て実数になることがわかる．エルミート行列の要素が全て実数である場合（実エルミート行列），

$$A^t = A \tag{2.133}$$

が成立する．また，

$$E = \sum_{l=1}^{n} \sum_{m=1}^{n} a_{lm} \bar{x}_l x_m = \bar{x}^t A x \tag{2.134}$$

をエルミート形式と呼ぶ．

2.12.3　直交行列

行列 A が条件，

$$A^t A = I \tag{2.135}$$

を満たす時，この行列は直交行列である．すなわち，

$$A^t = A^{-1} \tag{2.136}$$

が成立する，または，A の行，または，列ベクトル全体が正規直交系をなしている行列である．

2.13　線形変換

2.13.1　線形変換の定義

$$\boldsymbol{y} = A\boldsymbol{x} \tag{2.137}$$

をベクトル $\boldsymbol{x}$ の行列 A によるベクトル $\boldsymbol{y}$ への線形変換という．この式は，また，未知数 n 個（$x_1, x_2, \ldots, x_n$）の $y_1, y_2, \ldots, y_n$ に関する連立 1 次方程式と捉えることもできる．この時，A は係数行列である．行列 A の逆行列が存在するならば，次の逆変換が可能である．

$$\boldsymbol{x} = A^{-1}\boldsymbol{y} \tag{2.138}$$

行列 A のランクが n であり，すなわち，実正方行列 A の最大ランクであるような場合，この連立 1 次方程式の解が一意に存在する．

2.13.2　直交変換

任意のベクトル $\boldsymbol{x}$ が行列 A によって $\boldsymbol{y}$ に変換されたとすると，すなわち，

$$\boldsymbol{y} = A\boldsymbol{x} \tag{2.139}$$

となった時，

$$|\boldsymbol{x}| = |\boldsymbol{y}| \tag{2.140}$$

が成立するならば，この変換は直交変換である．

2.14　ユニタリー空間

複素数のベクトルの張る空間を複素ベクトル空間（アフィン空間に一致する）と呼ぶ．

$$\boldsymbol{x} = \boldsymbol{r} + i\boldsymbol{\omega} = (r_1 + i\omega_1, \ldots, r_n + i\omega_n)^t \tag{2.141}$$

また，この複素共役ベクトル，

$$\boldsymbol{x}^* = \boldsymbol{r} - i\boldsymbol{\omega} = (r_1 - i\omega_1, \ldots, r_n - \omega_n)^t \tag{2.142}$$

も定義できる．複素ベクトルの内積は，

$$\boldsymbol{x}^{\cdot} = x_1^* y_1 +, \ldots, +x_n^* y_n \tag{2.143}$$

であり，このノルムは正の実数になる．

$$\|\boldsymbol{x}\|^2 = \boldsymbol{x}^{\cdot} = \boldsymbol{x}^*\boldsymbol{x} = |x_1|^2 +, \cdots, +|x_n|^2 \geq 0 \tag{2.144}$$

この複素ベクトルの集合で構成され，ノルムの定義の成立する空間をユニタリー空間と呼ぶ．この空間でベクトルの大きさを変えない線形変換を考える．

$$\boldsymbol{y} = U\boldsymbol{x} \tag{2.145}$$

ここで，大きさを変えない変換なので，$|\boldsymbol{x}| = |\boldsymbol{y}|$ である．すると，

$$|\boldsymbol{x}|^2 = \boldsymbol{x}^*\boldsymbol{x} = |\boldsymbol{y}|^2 = \boldsymbol{y}^*\boldsymbol{y} \tag{2.146}$$

$$= (U\boldsymbol{x})^*(U\boldsymbol{x}) = \boldsymbol{x}^*U^*U\boldsymbol{x} = \boldsymbol{x}^*(U^*U)\boldsymbol{x} \tag{2.147}$$

なので，$|\boldsymbol{x}| = |\boldsymbol{y}|$ が成立するためには，$U^*U = I$ である必要がある．この U をユニタリー行列と呼び，$\boldsymbol{y} = U\boldsymbol{x}$ をユニタリー変換と呼ぶ．ユニタリー行列は $U^{-1} = U^*$ が成立する．この特殊なケース（実行列）に直交行列がある．また，このユニタリー変換により，正規直交系 $(x_1, \ldots, x_n)$ は，正規直交系 $(Ux_1, \ldots, Ux_n)$ に変換する．

$$U = V^*\Lambda V \tag{2.148}$$

となるような直交行列 V によりユニタリー行列は対角化できる．

$$\Lambda = V^*UV^{-1} \tag{2.149}$$

とすると，

$$\Lambda^* = (V^{*-1}UV^{-1})^* = V^{-1}U^*V^{*-1} \tag{2.150}$$

となり，$\Lambda^*\Lambda = I$ となる．ここで，z_j を絶対値が 1 の複素数とすると，

$$\Lambda = \begin{pmatrix} z_1 & 0 & \cdot & \cdot & 0 \\ 0 & z_2 & 0 & \cdot & 0 \\ \cdot & \cdot & \cdot & \cdot & \cdot \\ 0 & \cdot & \cdot & 0 & z_n \end{pmatrix} \tag{2.151}$$

となり，一般に，

$$|z_j| = |e^{\theta_j}| = |\cos\theta_j \pm \sin\theta_j| = 1 \tag{2.152}$$

なので，

$$\Lambda = \begin{pmatrix} e^{i\theta_1} & 0 & \cdot & \cdot & 0 \\ 0 & e^{i\theta_2} & 0 & \cdot & 0 \\ \cdot & \cdot & \cdot & \cdot & \cdot \\ 0 & \cdot & \cdot & 0 & e^{i\theta_n} \end{pmatrix} \tag{2.153}$$

となる．さらに，$AA^* = A^*A$（実行列の場合は $AA^t = A^tA$）を満たす行列を正規行列と呼んでいる．A が正規行列で U がユニタリー行列ならば $U^{-1}AU$ も正規行列となる．

$$(U^{-1}AU)(U^{-1}AU)^* = U^{-1}AUU^*A^*(U^{-1})^* \tag{2.154}$$

$$= U^{-1}AA^*(U^{-1})^* = U^*A^*AU \tag{2.155}$$

$$= U^*A^*(U^{-1})^*U^{-1}AU \tag{2.156}$$

$$= (U^{-1}AU)^*(U^{-1}AU) \tag{2.157}$$

なので，$A\boldsymbol{x} = \lambda\boldsymbol{x}$ の時，$A^*\boldsymbol{x} = \lambda\boldsymbol{x}$ となる．

2.15　行および列の基本操作

連立 1 次方程式を解く際に行および列の基本操作は有効である．

$$a_{11}x_1 + a_{12}x_2 + \cdots + a_{1n}x_n = b_1 \tag{2.158}$$

$$a_{21}x_1 + a_{22}x_2 + \cdots + a_{2n}x_n = b_2 \tag{2.159}$$

$$\vdots$$

$$a_{m1}x_1 + a_{m2}x_2 + \cdots + a_{mn}x_n = b_m \tag{2.160}$$

の連立 1 次方程式は,

$$Ax = b \tag{2.161}$$

と表せる．ここで,

$$A = \begin{pmatrix} a_{11} & a_{12} & \cdots & a_{1n} \\ a_{21} & a_{22} & \cdots & a_{2n} \\ \vdots & \vdots & \ddots & \vdots \\ a_{m1} & a_{m2} & \cdots & a_{mn} \end{pmatrix} \tag{2.162}$$

を係数行列と呼び，また,

$$(Ab) = \begin{pmatrix} a_{11} & a_{12} & \cdots & a_{1n} & b_1 \\ a_{21} & a_{22} & \cdots & a_{2n} & b_2 \\ \vdots & \vdots & \ddots & \vdots & \vdots \\ a_{m1} & a_{m2} & \cdots & a_{mn} & b_m \end{pmatrix} \tag{2.163}$$

を拡大係数行列と呼ぶ．以下の基本操作を拡大係数行列に施し，連立 1 次方程式を解く方法が有効である．

- 行基本操作
  - 2 つの行を入れ換える
  - ある行の要素すべてを定数倍する
  - ある行に他の行の定数倍を加える
- 列基本操作
  - 最終列以外の列を入れ換える

これら基本操作を拡大行列に対して何回か施すことによって,

$$(Ab) \to \begin{pmatrix} I_r & * & d_1 \\ 0 & 0 & d_2 \end{pmatrix} \tag{2.164}$$

となる．ここで，I_r はランク r の単位行列であり，$*$ は任意の要素，そして，d_1, d_2 は連立方程式の解である．これは，任意の行列に対して行基本操作を

何回か施し，それ以上簡単にはならない基本操作後の最終行列になると，

$$\begin{pmatrix} 0 & \cdots & 0 & 1 & * & \cdots & * & 0 & * & \cdots & * & 0 & * & \cdots \\ 0 & \cdots & \cdot & \cdot & \cdot & \cdots & 0 & 1 & * & \cdots & * & 0 & * & \cdots \\ \cdot & \cdots & \cdot & \cdot & \cdot & \cdots & \cdot & \cdot & \cdot & \cdots & \cdot & \cdot & \cdot & \cdots \\ 0 & \cdots & \cdot & \cdot & \cdot & \cdots & \cdot & \cdot & \cdot & \cdots & 0 & 1 & * & \cdots \\ 0 & \cdots & \cdot & \cdot & \cdot & \cdots & \cdot & \cdot & \cdot & \cdots & \cdot & \cdot & \cdot & 0 \\ \cdot & \cdots & \cdot & \cdot & \cdot & \cdots & \cdot & \cdot & \cdot & \cdots & \cdot & \cdot & \cdot & \cdots \end{pmatrix} \tag{2.165}$$

と変換されることに基づいている．すると，この最終行列は，

- 各行の左から見て最初に 0 でない要素（主成分と呼ぶ）が登場するのは 1 である
- 主成分と同じ列にある要素はすべて 0 である
- 下の行の主成分はそれより上の主成分より必ず右にある
- すべての要素が 0 からなる行があればその下の行はすべて 0 である

ような行列となる．この最終行列の 0 でない行の数をランクと呼ぶ．

例題

$$\begin{pmatrix} 1 & -3 \\ 2 & a \end{pmatrix}$$

が正則行列で，

$$\begin{pmatrix} a+1 & 2 \\ 5 & a+4 \end{pmatrix}$$

が正則でないように a を定めよ．

解答例

$$\begin{pmatrix} 1 & -3 \\ 2 & a \end{pmatrix}$$

が正則なので，$1 \times a - (-3) \times 2 = a + 6 \neq 0$ である．また，

$$\begin{pmatrix} a+1 & 2 \\ 5 & a+4 \end{pmatrix}$$

が正則でないので，$(a+1)(a+4) - 2 \times 5 = (a-1)(a+6) = 0$ である．したがって，$a = 1, a = -6$ であり，$a = 1$ が解答となる．

例題

A を n 次実正方行列とし，$I + A$ を正則行列とする時，次を示せ．

1. $(I - A)(I + A)^{-1} = (I + A)^{-1}(I - A)$
2. A が交代行列ならば，$(I - A)(I + A)^{-1}$ は直交行列である．

解答例

1. $(I + A)(I - A) = (I - A)(I + A) = I - A^2$ において $(I + A)^{-1}$ を左右から掛けて，

$$(I - A)(I + A)^{-1} = (I + A)^{-1}(I - A)$$

   となる．

2. A が交代行列ならば $A^t = -A$ である．$(I + A)$ は正則なので $(I + A)^t = I + A^t = I - A$ も正則である．$(I - A)^{-1}(I + A) = (I + A)(I - A)^{-1}$ なので，$((I - A)(I + A)^{-1})^t = ((I + A)^{-1})^t(I - A)^t = (I + A^t)^{-1}(I - A^t) = (I - A)^{-1}(I + A) = (I + A)(I - A)^{-1} = ((I - A)(I + A)^{-1})^{-1}$ となる．したがって $(I - A)(I + A)^{-1}$ は直交行列である．

例題

次の行列が正則であるかどうか判定し，正則ならば逆行列を求めよ．

$$A = \begin{pmatrix} 1 & 2 & -1 \\ -1 & -1 & 2 \\ 2 & -1 & 1 \end{pmatrix}$$

解答例

A に I を付け加え 3×6 行列 (AI) を掃き出す．(AI) は，以下のように行基本操作によって (IA^{-1}) に変換される．

```
 1  2 -1  1    0    0
-1 -1  2  0    1    0
 2 -1  1  0    0    1
 1  2 -1  1    0    0
 0  1  1  1    1    0: (2)+(1)
 0 -5  3 -2    0    1: (2)+(1)x-2
 1  0 -3 -1   -2    0: (1)+(2)x-2
 0  1  1  1    1    0
 0  0  8  3    5    1: (3)+(2)x5
 1  0 -3 -1   -2    0
 0  1  1  1    1    0
 0  0  1 3/8  5/8  1/8: (3)x1/8
 1  0  0 1/8 -1/8  3/8: (1)+(3)x3
 0  1  0 5/8  3/8 -1/8: (2)+(3)x-1
 0  0  1 3/8  5/8  1/8
```

この時，A が正則でない場合は，如何なる行基本操作を用いても (IA^{-1}) に変換できない．この操作は，

$$Ax = e_1, Ax = e_2, Ax = e_3$$

を同時に解いていることと等価である．ここで e_1, e_2, e_3 は基底ベクトルである．

2.16　固有値

2.16.1　基底ベクトル

n 次元ベクトル空間の基底ベクトルを $e_1, e_2, \ldots, e_n$ とする．これらは互いに直交しているので，これらの内積は，

$$(e_i, e_j) = \begin{cases} 1, & (i = j) \\ 0, & (i \neq j) \end{cases} \tag{2.166}$$

である．

2.16.2　固有値，固有ベクトル，固有空間の定義

n 次元ベクトル空間 V_n の線形変換を表す行列 A を考える．スカラー λ に対して，

$$Ax = \lambda x \tag{2.167}$$

を満足する 0 でないベクトル x が存在するならば，λ を A の固有値，x を A の固有ベクトルという．図 2.11 に示すように x を A 倍しても大きさこそ変わるが方向が変わらない λ は A に固有に存在するので，この λ を固有値と呼び，これに対応する x のことを固有ベクトルと呼んでいる．

1 つの固有値に対して複数の固有ベクトルが存在する．固有ベクトルの全体を U_λ とすると，U_λ は V_n の部分空間である．この空間を固有値 λ に対する A の固有空間という．

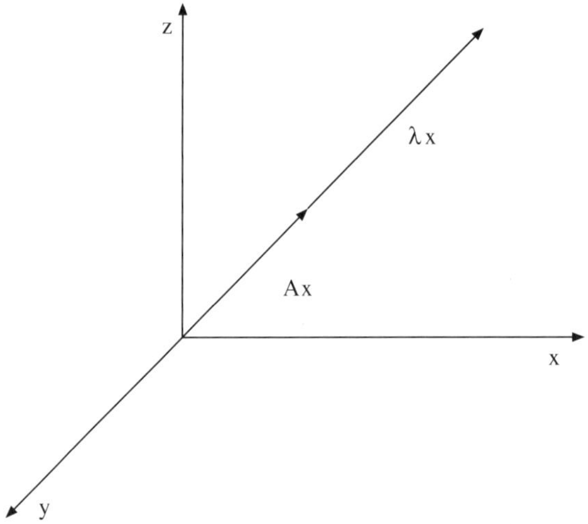

図 2.11　固有値，固有ベクトルの定義

固有値の和は，

$$\lambda_1 + \lambda_2 + \cdots + \lambda_n = \mathrm{trace}\,(A)$$

であり，その積は，

$$\lambda_1 \lambda_2 \cdots \lambda_n = |A|$$

である．また，P を正則行列とし，

$$B = P^{-1}AP$$

とすると，この A, B は相似な行列と呼ばれ，それらの固有値は一致する．さらに，異なる固有値に対する固有ベクトルは 1 次独立である．

最大固有値に対応する固有ベクトルは，A の最大分散軸（最もバラツキの大きい軸）に相当する．最大分散軸とは，A に関する情報が最も大く含まれる軸と等価である．2 番目に大きい固有値に対応する固有ベクトルは 2 番目に分散の大きな軸に相当しており，最大分散軸と直交している．以下同様に第 n 軸，すなわち，すべての n 次元空間が定義される．これらは，すべて互いに直交する．すなわち，異なる固有値に対する固有ベクトルは 1 次独立である．

2.16.3　固有値，固有ベクトルの計算方法

式 2.167，$Ax = \lambda x$ から，

$$x = Ix \tag{2.168}$$

$$Ax = \lambda Ix \tag{2.169}$$

$$(A - \lambda I)x = 0 \tag{2.170}$$

$$|A - \lambda I| = 0 \tag{2.171}$$

となる．これを行列 A の固有方程式という．固有方程式が 0 以外の解を持つ条件は行列 $(A - \lambda I)$ が逆行列を持たない条件と同じであり，行列式，

$$\phi_A(\lambda) = |\lambda I - A|$$

が 0 にならないことである．この行列式は λ に関する n 次方程式（n 元連立方程式）であり，これを解くと，n 個の固有値を得る．固有方程式に $(-1)^n$ を掛けて，

$$\phi_A(\lambda) = (-1)^n|A - \lambda I| = |\lambda I - A| \tag{2.172}$$

となる．これを固有多項式という．たとえば，A が 2 次の正方行列の場合は，

$$\phi_A(\lambda) = \lambda^2 - \mathrm{trace}\,(A)\lambda + \det(A)$$

であり，3 次正方行列の場合は，

$$\phi_A(\lambda) = \lambda^3 - \mathrm{trace}\,(A)\lambda^2 + (\det(A_{11}) + \det(A_{22}) + \det(A_{33}))\lambda - \det(A)$$

である．n 次の正方行列 A の固有値 λ に対して，集合，

$$W_\lambda = (x|Ax = \lambda x) \tag{2.173}$$

を固有値 λ に対する A の固有空間という．すなわち，固有方程式の解の空間である．一般に，n 次多項式は重複を含めて n 個の解を持つので固有多項式も n 個の解を持つ．それらを，$\lambda_1, \ldots, \lambda_n$ とすると，

$$\phi_A(\lambda) = (\lambda - \mu_1)(\lambda - \mu_2)\cdots(\lambda - \mu_n) = 0$$

と因数分解できる．すなわち，異なる固有値の数は n に等しいか，または，少ないことがわかる．一方，固有値に重複がある場合の固有多項式は，

$$\phi_A(\lambda) = (\lambda - \mu_1)^{d_1}(\lambda - \mu_2)^{d_2}\cdots(\lambda - \mu_m)^{d_m}$$

と因数分解できる．ここで $n = d_1 + d_2 + \cdots + d_m$ である．固有空間の次元は，

$$\dim W_\lambda = n - \mathrm{rank}\,(A - \lambda I) \leq d_m$$

であり，固有方程式の根の重複度を越えることはない．

例題

次の行列の固有値と単位固有ベクトルを求めよ．

$$A = \begin{pmatrix} 2 & 3 \\ 2 & 1 \end{pmatrix}$$

解答例

$$\phi_A(\lambda) = (-1)^2|A - \lambda I| \tag{2.174}$$

$$= \begin{pmatrix} 2-\lambda & 3 \\ 2 & 1-\lambda \end{pmatrix} \tag{2.175}$$

$$= (2-\lambda)(1-\lambda) - 6 \tag{2.176}$$

$$\lambda^2 - 3\lambda - 4 = (\lambda - 4)(\lambda + 1) = 0 \tag{2.177}$$

となり，固有値は，

$$\lambda = -1, 4 \tag{2.178}$$

となる．$\lambda = -1$ の時，

$$\begin{pmatrix} 2-\lambda & 3 \\ 2 & 1-\lambda \end{pmatrix}\begin{pmatrix} x_1 \\ x_2 \end{pmatrix} = \begin{pmatrix} 3 & 3 \\ 2 & 2 \end{pmatrix}\begin{pmatrix} x_1 \\ x_2 \end{pmatrix} = \begin{pmatrix} 0 \\ 0 \end{pmatrix} \tag{2.179}$$

となる．すなわち，

$$x_1 + x_2 = 0 \tag{2.180}$$

となり，これを満足する x_1, x_2 を 1 つ決定すると，$x_1 = 1, x_2 = -1$ となる．したがって，固有ベクトルは，$\begin{pmatrix} 1 \\ -1 \end{pmatrix}$ となる．これを単位ベクトルとするためには，ベクトルの絶対値 $\sqrt{2}$ で割れば良いので，$\begin{pmatrix} \frac{1}{\sqrt{2}} \\ -\frac{1}{\sqrt{2}} \end{pmatrix}$ となる．次に $\lambda = 4$ の時は，

$$\begin{pmatrix} 2-\lambda & 3 \\ 2 & 1-\lambda \end{pmatrix}\begin{pmatrix} x_1 \\ x_2 \end{pmatrix} = \begin{pmatrix} -2 & 3 \\ 2 & -3 \end{pmatrix}\begin{pmatrix} x_1 \\ x_2 \end{pmatrix} = \begin{pmatrix} 0 \\ 0 \end{pmatrix} \tag{2.181}$$

となるので，

$$2x_1 - 3x_2 = 0 \tag{2.182}$$

となる．これを満足する x_1, x_2 を 1 つ決定すると，$x_1 = 3, x_2 = 2$ となる．したがって，固有ベクトルの 1 つは，$\begin{pmatrix} 3 \\ 2 \end{pmatrix}$ であり，これを単位ベクトルとするために絶対値 $\sqrt{13}$ で割って，$\begin{pmatrix} \frac{3}{\sqrt{13}} \\ \frac{2}{\sqrt{13}} \end{pmatrix}$ となって固有値，固有ベクトルが求められる．

例題

次の固有値とそれに対する固有空間を求めよ．

$$A = \begin{pmatrix} 3 & -5 & -5 \\ -1 & 7 & 5 \\ 1 & -9 & -7 \end{pmatrix}$$

解答例

固有多項式は,

$$|A - tI| = \begin{pmatrix} 3-t & -5 & -5 \\ -1 & 7-t & 5 \\ 1 & -9 & -7-t \end{pmatrix} \qquad = -(2+t)(2-t)(3-t)$$

であるので，固有値は $-2, 2, 3$ である．固有値 -2 に対する固有空間 $V(-2)$ は，$(A+2I)x = 0$ を解いて，

$$\begin{pmatrix} 5 & -5 & -5 \\ -1 & 9 & 5 \\ 1 & -9 & -5 \\ 1 & -1 & -1 \\ 0 & 2 & 1 \\ 0 & 0 & 0 \end{pmatrix}$$

$V(-2) = x_1, x_1 = (1 - 12)^t$

であり，$V(-2)$ の 0 でないベクトルが固有値 -2 に対する固有ベクトルである．同様に，固有値 2 に対する固有空間 $V(2)$ は，$(A-2I)x = 0$ を解いて，

$$\begin{pmatrix} 1 & -5 & -5 \\ -1 & 5 & 5 \\ 1 & -9 & -9 \\ 1 & 0 & 0 \\ 0 & 1 & 1 \\ 0 & 0 & 0 \end{pmatrix}$$

$V(2) = x_2, x_2 = (0 - 11)^t$

であり，$V(2)$ の 0 でないベクトルが固有値 2 に対する固有ベクトルである．また，固有値 3 に対する固有空間 $V(3)$ は，$(A-3I)x = 0$ を解いて，

$$\begin{pmatrix} 0 & -5 & -5 \\ -1 & 4 & 5 \\ 1 & -9 & -10 \\ 1 & 0 & -1 \\ 0 & 1 & 1 \\ 0 & 0 & 0 \end{pmatrix}$$

$V(3) = x_3, x_3 = (1 - 11)^t$

であり，$V(3)$ の 0 でないベクトルが固有値 3 に対する固有ベクトルである．

次に示すケイリーハミルトンの定理がある．すなわち，

$$\begin{pmatrix} a_{11} - x & a_{12} & \cdots & a_{1n} \\ a_{21} & a_{22} - x & \cdots & a_{2n} \\ \vdots & \vdots & \ddots & \vdots \\ a_{n1} & a_{n2} & \cdots & a_{nn} - x \end{pmatrix} = x^n + c_{n-1}x^{n-1} + \cdots + c_0 \quad (2.183)$$

ならば，

$$A^n + c_{n-1}A^{n-1} + \cdots + c_0 I = 0 \quad (2.184)$$

である．たとえば，

$$A = \begin{pmatrix} a & b \\ c & d \end{pmatrix} \quad (2.185)$$

を与える行列とし，固有多項式を，

$$\phi_A(t) = \begin{pmatrix} a - t & b \\ c & d - t \end{pmatrix} = t^2 - (a + d)t + (ad - bc) \quad (2.186)$$

とすると，

$$A^2 = \begin{pmatrix} a^2 + bc & ab + bd \\ ac + cd & bc + d^2 \end{pmatrix} - (a + d)A \quad (2.187)$$

$$= \begin{pmatrix} -a^2 - ad & ab - bd \\ -ac - dc & -ad - d^2 \end{pmatrix} (ad - bc)I \quad (2.188)$$

$$= \begin{pmatrix} ad - bc & 0 \\ 0 & ad - bc \end{pmatrix} \quad (2.189)$$

なので，

$$A^2 - (a + d)A + (ad - bc)I = \begin{pmatrix} 0 & 0 \\ 0 & 0 \end{pmatrix} \quad (2.190)$$

となる．

固有多項式を，

$$\phi_A(t) = |tI - A| = (t - \lambda_1)^{m_1} \cdots (t - \lambda_r)^{m_r} \tag{2.191}$$

と因数分解する時，m_i を固有値 λ_i の重複度という．連立 1 次方程式 $(\lambda I - A)x = 0$ の解の空間を固有値 λ の固有空間と呼ぶのでこの固有空間の次元は，λ の重複度以下であることがわかる．また，固有空間の次元と重複度が等しい場合，この行列 A は対角化が可能である．したがって，固有方程式を解き，固有値，固有ベクトル，固有空間，重複度を求め，固有空間の次元と重複度が一致していることを確認し，各固有値 λ_i に対する固有ベクトル x_i を要素に持つ $P = (x_1, \ldots, x_n), x_i = \lambda_i x_i$ を求め，

$$P^{-1}AP = \begin{pmatrix} \lambda_1 & 0 & \cdots & 0 \\ 0 & \lambda_2 & \cdots & 0 \\ \vdots & \vdots & \ddots & \vdots \\ 0 & \cdots & 0 & \lambda_n \end{pmatrix} \tag{2.192}$$

となり，対角化できる．

例題

$A = \begin{pmatrix} 2 & 1 & -1 \\ 1 & 1 & 0 \\ 2 & 0 & -3 \end{pmatrix}$ の時，A^{-2} を求めよ．

解答例

固有多項式は，$\phi_A(t) = -t^3 + 6t - 1$ であるので，$A^3 - 6A + I = 0$ と表せる．これから，$A(-A^2 + 6I) = I$ となり，$A^{-1} = -A^2 + 6I$ と表せる．したがって，

$$A^{-2} = A^{-1}(-A + 6I) = -A + 6A^{-1} \tag{2.193}$$

$$= -A + 6(-A^2 + 6I) = -6A^2 - A + 36I \tag{2.194}$$

$$= \begin{pmatrix} 16 & -19 & -5 \\ -19 & 23 & 6 \\ 10 & -12 & -3 \end{pmatrix} \tag{2.195}$$

となり，A^{-2} が求められる．

例題

次の行列が対角化可能ならば変換行列を求めて対角化せよ．

$$A = \begin{pmatrix} 2 & 1 & 1 \\ 1 & 2 & 1 \\ 0 & 0 & 1 \end{pmatrix}$$

解答例

A の固有多項式は，

$$\phi(t) = |A - tI| = \begin{pmatrix} 2-t & 1 & 1 \\ 1 & 2-t & 1 \\ 0 & 0 & 1-t \end{pmatrix} = (1-t)^2(3-t)$$

なので，固有値は 1,3 であり，これらに対応する重複度は 2,1 である．$A - I$ に対して，

$$\begin{pmatrix} 1 & 1 & 1 \\ 1 & 1 & 1 \\ 0 & 0 & 0 \\ 1 & 1 & 1 \\ 0 & 0 & 0 \\ 0 & 0 & 0 \end{pmatrix} \tag{2.196}$$

であり，rank $(A - I) = 1$ なので固有値 1 に対する固有空間 $V(1)$ の次元は，$\dim V(1) = 3 - \operatorname{rank}(A - I) = 3 - 1 = 2$ である．これは，重複度に一致する．固有値 3 に関しては，重複度は 1 であり，$A - 3I$ に対しては，

$$\begin{pmatrix} -1 & 1 & 1 \\ 1 & -1 & 1 \\ 0 & 0 & -2 \\ 1 & -1 & 0 \\ 0 & 0 & 1 \\ 0 & 0 & 0 \end{pmatrix}$$

であるので固有空間 $V(3)$ の次元も 1 である．各固有値に対して重複度と固有空間の次元が一致しているので A は対角化が可能である．固有値 1 に対する固有空間は,

$$V(1) = Lx_1, x_2, \quad x_1 = (-110)^t, x_2 = (-101)^t$$

であり，x_1, x_2 が $V(1)$ の 1 組の基底である．また，固有値 3 に対する固有空間は,

$$V(3) = Lx_3, x_3 = (110)^t$$

であり，x_3 が $V(3)$ の基底である．したがって，$P = (x_1, x_2, x_3)$ とおくと,

$$P^{-1}AP = \begin{pmatrix} 1 & 0 & 0 \\ 0 & 1 & 0 \\ 0 & 0 & 3 \end{pmatrix}$$

となる.

例題

A がべき零行列で，$A \neq 0$ とすると，A は対角化が可能でないことを示せ.

解答例

A が対角化可能であるとすると,

$$P^{-1}AP = \begin{pmatrix} \lambda_1 & 0 & \cdots & 0 \\ 0 & \lambda_2 & \cdots & 0 \\ \vdots & \vdots & \ddots & \vdots \\ 0 & \cdots & 0 & \lambda_n \end{pmatrix}$$

となる正則行列 P が存在する．A はべき零行列だから，$A^k = 0$ として上式を k 乗して，

$$(P^{-1}AP)^k = \begin{pmatrix} \lambda_1 & 0 & \cdots & 0 \\ 0 & \lambda_2 & \cdots & 0 \\ \vdots & \vdots & \ddots & \vdots \\ 0 & \cdots & 0 & \lambda_n \end{pmatrix}^k = \begin{pmatrix} \lambda_1^k & 0 & \cdots & 0 \\ 0 & \lambda_2^k & \cdots & 0 \\ \vdots & \vdots & \ddots & \vdots \\ 0 & \cdots & 0 & \lambda_n^k \end{pmatrix}$$

となる．一方，

$$(P^{-1}AP)^k = P^{-1}APP^{-1}AP\cdots P^{-1}AP = P^{-1}A^kP = P^{-1}0P = 0$$

なので，$\lambda_1 = \lambda_2 = \cdots = \lambda_n = 0$ となり，よって，$A = P0P^{-1} = 0$ となる．これは仮定に反するので対角化は可能ではないことがわかる．

2.17　固有値問題の基礎理論

$$\boldsymbol{x}B\boldsymbol{x} = K(\text{Constant})$$

の条件のもとに A の 2 次形式，

$$\boldsymbol{x}A\boldsymbol{x}$$

を最小にする問題を固有値問題と呼んでいる．これは，この最小にする際の評価関数として，

$$J(\boldsymbol{x}) = \boldsymbol{x}A\boldsymbol{x} - \lambda(\boldsymbol{x}B\boldsymbol{x} - 1) \tag{2.197}$$

を考慮して，無条件で最小化することと等価である．すると，

$$\frac{\partial J(\boldsymbol{x})}{\partial \boldsymbol{x}} = 2A\boldsymbol{x} - 2\lambda B\boldsymbol{x} \tag{2.198}$$

を 0 とするように $\lambda, \boldsymbol{x}$ を決定すれば良いことになる．すなわち，

$$A\boldsymbol{x} = \lambda B\boldsymbol{x} \tag{2.199}$$

これを B を荷重関数とする固有方程式と呼ぶ．$B = I$ の時，

$$A\boldsymbol{x} = \lambda\boldsymbol{x} \tag{2.200}$$

となり，この時，

$$J(\boldsymbol{x}_i) = \boldsymbol{x}_i\lambda\boldsymbol{x}_i - \lambda(\boldsymbol{x}_i\boldsymbol{x}_i - 1) = \lambda_i \tag{2.201}$$

が最小になる．すなわち，λ は $\boldsymbol{xx}$ が一定のもとに $\boldsymbol{x}A\boldsymbol{x} = J$ の最小値を与える．この時，

$$\lambda = \frac{\boldsymbol{x}_i A\boldsymbol{x}_i}{\boldsymbol{x}_i\boldsymbol{x}_i} \tag{2.202}$$

となり最小値になる．

2.18　最小二乗法の基礎理論

$$\boldsymbol{y} = A\boldsymbol{x}$$

と表される線形システムを考える．入力，$\boldsymbol{x}$ が伝達関数 A（係数行列）で表されるシステムに入り，出力 $\boldsymbol{y}$ が出てくる状況を考えている．ここで，

$$\boldsymbol{y} = (y_1, \ldots, y_n)^t \tag{2.203}$$

$$\boldsymbol{x} = (x_1, \ldots, x_m)^t \tag{2.204}$$

$$A = \begin{pmatrix} a_{11} & \cdot & \cdot \\ \cdot & \cdot & \cdot \\ \cdot & \cdot & a_{nm} \end{pmatrix} \tag{2.205}$$

$$\boldsymbol{e} = (e_1, \ldots, e_n)^t \tag{2.206}$$

であり，

$$\boldsymbol{e} = \boldsymbol{y} - A\boldsymbol{x} \tag{2.207}$$

$$E(\boldsymbol{e}) = 0 \tag{2.208}$$

$$E(\boldsymbol{e}^t\boldsymbol{e}) = \sigma^2 \tag{2.209}$$

である．ここで $E(\cdot)$ は括弧内の変数の期待値を表す．また，

$$\boldsymbol{y} = A\boldsymbol{x} + \boldsymbol{e} \tag{2.210}$$

とも書ける．ここで，評価関数，

$$J(\boldsymbol{x}) = \boldsymbol{e}^t W \boldsymbol{e} \tag{2.211}$$

を導入して，これを最小にする $\boldsymbol{x}$ を求める．ここで，W は荷重行列（実対称行列）である．

$$\frac{d\boldsymbol{f}}{d\boldsymbol{t}} = \frac{\partial \boldsymbol{f}}{\partial \boldsymbol{t}} + \left(\frac{\partial \boldsymbol{x}}{\partial \boldsymbol{t}}\right)^t \frac{\partial \boldsymbol{f}}{\partial \boldsymbol{x}} + \left(\frac{\partial \boldsymbol{y}}{\partial \boldsymbol{t}}\right)^t \frac{\partial \boldsymbol{f}}{\partial \boldsymbol{y}} \tag{2.212}$$

なので，また，$\boldsymbol{y} = 0$ なので，

$$\frac{d\boldsymbol{f}}{d\boldsymbol{t}} = \frac{\partial \boldsymbol{f}}{\partial \boldsymbol{t}} + \left(\frac{\partial x}{\partial \boldsymbol{t}}\right)^t \frac{\partial \boldsymbol{f}}{\partial x} \tag{2.213}$$

となる．評価関数 J を $\boldsymbol{x}$ で偏微分して 0 とおいて $\boldsymbol{x}$ を求めると，

$$\frac{\partial J}{\partial \boldsymbol{x}} = \left(\frac{\partial \boldsymbol{e}}{\partial \boldsymbol{x}}\right)^t \frac{\partial J}{\partial \boldsymbol{e}} \tag{2.214}$$

$$\frac{\partial J}{\partial \boldsymbol{e}} = 2W\boldsymbol{e} \tag{2.215}$$

$$\frac{\partial \boldsymbol{e}}{\partial \boldsymbol{x}} = -A \tag{2.216}$$

となる．したがって，

$$\frac{\partial J}{\partial \boldsymbol{x}} = -A^t 1 W\boldsymbol{e} = -2A^t W(\boldsymbol{y} - A\boldsymbol{x}) \tag{2.217}$$

$$2A^t W(\boldsymbol{y} - A\boldsymbol{x}) = 0 \tag{2.218}$$

である．結局，

$$\boldsymbol{x} = (A^t WA)^{-1} A^t W\boldsymbol{y} \tag{2.219}$$

となって $\boldsymbol{x}$ は求められる．

例題

n 個のデータセット $(x_i, y_i), i = 1, 2, \ldots, n$ があり，これを $\boldsymbol{y} = a\boldsymbol{x}$ に当てはめるものとする．この時，係数 a, b を求めよ．

解答例

この評価関数として，重み係数行列が単位行列として，

$$e = \sum_{i=1}^{n} \{y_i - (ax_i + b)\}^2 \tag{2.220}$$

を考え，これを最小にする a, b を求める．

$$\frac{\partial e}{\partial a} = -2\sum_{i=1}^{n} x_i y_i + 2a\sum_{i=1}^{n} x_i^2 + 2b\sum_{i=1}^{n} x_i \tag{2.221}$$

$$\frac{\partial e}{\partial b} = -2\sum_{i=1}^{n} y_i + 2a\sum_{i=1}^{n} x_i + 2bn \tag{2.222}$$

これらを 0 とおき，連立させて解くことにより，e を最小にする最適な係数 a, b を求めることができる．また，推定誤差が平均 0 で分散 σ^2 であるような正規分布に従うとすれば，誤差 E の発生する確率は，

$$p(E) = \frac{1}{\sqrt{2\pi\sigma^2}} e^{-\frac{1}{2\sigma^2}e} \tag{2.223}$$

となり，推定誤差が正規分布に従う場合[*2] の最小二乗法は最尤法と等価であることがわかる．

[*2] 正規分布でない場合は，最小二乗法は最尤法とは等価ではなく，推定誤差の平均も 0 とはならず，その確率密度関数も偏りを持つことになる．

2.19 固有値展開

2 つの関数 $f,\ g \in L^2(\mathbf{R})$ の内積 (g, f) は，

$$(g, f) \stackrel{\text{def}}{=} \int_{-\infty}^{\infty} \overline{g(x)} \cdot f(x) dx \tag{2.224}$$

で定義される．$(g, f) = 0$ の時，f と g は互いに直交（orthogonal）であるという．画像（$(F) = f(m, n)$）の 2 次形式表現の期待値は，分散共分散行列 ϕ と呼ばれている．

$$\phi = E(F^t F) \tag{2.225}$$

ここで，$E[x]$ は x の期待値を表す．この ϕ は，正定値（F の二乗なので負の要素がない）で対称（$\phi_{i,j} = \phi_{j,i}$）な行列である．そのような行列を対角化（対角要素のみに値を持つ行列に変換）する直交行列 U を用いて，

$$\mathrm{U}\phi\mathrm{U}^t = \lambda \tag{2.226}$$

とする．ここで，$UU^t = I$（単位行列）である．このような λ を固有値行列と呼ぶ．この U を用いて UF を求めると，各次元は互いに無相関となる．この直交行列 U による線形変換 UF を固有値展開と呼ぶ．また，これを提案した人名から KL 展開とも呼ばれ，さらに，統計学の分野ではこれを主成分分析による変換（主成分変換）とも呼んでいる．このように固有値展開によって得られた UF の行ベクトルは，次元の小さい方から第 1 主成分，第 2 主成分,. . . , 第 $n \times m$ 主成分と呼ばれ，この順番は固有値の大きい順に一致しており，すなわち，情報量の大きい順になっている．(固有値の大きいことは共分散の大きいことにつながり，また，情報量の大きいことにもつながる)．また，各成分は直交しているので内積を取れば 0 となり相関はない．そのため，第 1 主成分までで元の情報量のほとんどを含むことになるので，固有値展開を情報圧縮として用いることができ，また，相関のある次元から無相関な次元に変換することもできる．さらに，第 1 主成分までで元の画像の特徴

を抽出したことと等価になり，これを用いて画像を効率良く，効果的に認識することができるようになる．この展開を模式的に図 2.12 に表す．ここで，図は特徴空間における n 次元観測ベクトル群を表し，図中，直交軸に α,β,γ と記してあるのは，第 1,2 および 3 主成分座標軸を表す．

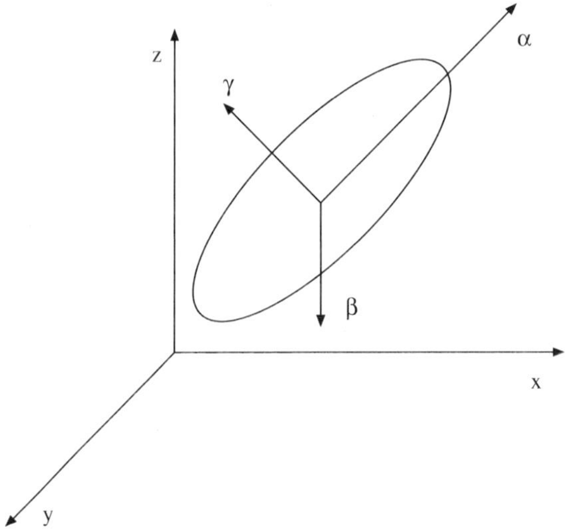

図 2.12　固有値展開の原理

この時，画像を 512×512 画素からなるものとすると，共分散行列の次元は 262144×262144 となり，固有値展開に必要な直交行列を求めるには 262144×262144 個の固有値を求めることが必要になる．これは計算量の観点から問題となる．そこで，ϕ が行および列に分解可能な場合は，

$$\phi=\phi_x\otimes\phi_y \tag{2.227}$$

と表せる．ここで，$\otimes$ はクロネッカー積を表す．このような場合，ϕ_x,ϕ_y を

それぞれ対角化する U および V を導入し，

$$(U \otimes V)(\phi_x \otimes \phi_y)(U^t \otimes V^t) = (U\phi_x U^t) \otimes (V\phi_y V^t) \tag{2.228}$$

$$= \lambda_x \otimes \lambda_y \tag{2.229}$$

となる．ここで，λ_x, λ_y は ϕ_x, ϕ_y の固有値行列である．この式の右辺は対角行列なので，$U \otimes V$ は ϕ の固有値展開になっている．そのため，UFV^t とすれば固有値展開が得られ，この時，必要となる固有値の数は $512 \times 512 = 262144$ のみで済む．

2.20　連立 1 次方程式と一般逆行列

2.20.1　掃き出し法

連立 1 次方程式を解く方法としてガウスジョルダンの方法などがある．このガウスジョルダン法では係数行列を対角化して前進消去過程だけで連立方程式の解を求めることができる．ガウスジョルダン法は掃き出し法ともいい，この方法で逆行列を求めることができる．$n \times 2n$ 行列の左半分に元の行列，右の半分に単位行列を表記してガウスジョルダン法を適用すれば最終的に左側に単位行列，右側に元の行列の逆行列が得られる．次のような行列の例を考えてみると，

$$A = \begin{pmatrix} 1 & 2 & 3 \\ 2 & 5 & 7 \\ 3 & 7 & 11 \end{pmatrix}$$

から，以下に示すように行基本変形を行って左側の対角要素を 1 として他の行を 0 とするように変形する（行列の基本操作）．

$$\begin{pmatrix} 1 & 2 & 3 & 1 & 0 & 0 \\ 2 & 5 & 7 & 0 & 1 & 0 \\ 3 & 7 & 11 & 0 & 0 & 1 \end{pmatrix} \to \begin{pmatrix} 1 & 2 & 3 & 1 & 0 & 0 \\ 0 & 1 & 1 & -2 & 1 & 0 \\ 0 & 1 & 2 & -3 & 0 & 1 \end{pmatrix} \tag{2.230}$$

$$\to \begin{pmatrix} 1 & 0 & 1 & 5 & -2 & 0 \\ 0 & 1 & 1 & -2 & 1 & 0 \\ 0 & 0 & 1 & -1 & -1 & 1 \end{pmatrix} \tag{2.231}$$

$$\rightarrow \begin{pmatrix} 1 & 0 & 0 & 6 & -1 & -1 \\ 0 & 1 & 0 & -1 & 2 & -1 \\ 0 & 0 & 1 & -1 & -1 & 1 \end{pmatrix} \tag{2.232}$$

実際のプログラムでは単位行列部分は無駄であるので，逆行列生成部分だけを記憶させ，ピボットを含む列に単位行列を繰り込み挿入しながらガウスジョルダンの消去計算過程をすすめることになる．

2.20.2　一般的解法

自然界で起きる種々の現象が連立 1 次方程式によって表されることを前章で示した．本章では，その解法について紹介する．ここで，方程式の数：M, 未知数：N, ランク：m とすると，

$$a_{11}x_1 + a_{12}x_2 + \cdots + a_{1N}x_N = b_1 \tag{2.233}$$
$$a_{21}x_1 + a_{22}x_2 + \cdots + a_{2N}x_N = b_2 \tag{2.234}$$
$$\vdots$$
$$a_{M1}x_1 + a_{M2}x_2 + \cdots + a_{MN}x_N = b_M \tag{2.235}$$

$$\begin{pmatrix} a_{11} & a_{12} & \cdots & a_{1N} \\ a_{21} & a_{22} & \cdots & a_{2N} \\ \vdots & \vdots & \vdots & \vdots \\ a_{M1} & a_{M2} & \cdots & a_{MN} \end{pmatrix} \begin{pmatrix} x_1 \\ x_2 \\ \vdots \\ x_N \end{pmatrix} = \begin{pmatrix} b_1 \\ b_2 \\ \vdots \\ b_M \end{pmatrix} \tag{2.236}$$

のように定式化できる．すなわち，

$$Ax = b \tag{2.237}$$

である．

2.20.3　一般逆行列

n 次の正方行列 A が正則ならば，逆行列 A^{-1} が存在し，$Ax = b$ の両辺にこの逆行列を左から掛けることにより $x = A^{-1}b$ として連立方程式の解が得

られる．しかし，行列 A が正則でない場合，または，正方行列でない場合は逆行列が存在しない．このような場合でも逆行列を一般化した一般逆行列を用いることにより連立方程式が求められる．

$M \times N$ 行列 A に対し，$AG^{-}A = A$ となるような $N \times M$ の行列 G^{-} を A の一般逆行列と呼ぶ．一般逆行列は，$AG^{-}A = A$ となる必要がある．たとえば，$M = N = 2$ とし，

$$A = \begin{pmatrix} a & b \\ c & d \end{pmatrix}$$

とすると，

$$G^{-} = \begin{pmatrix} e & f \\ g & h \end{pmatrix} \tag{2.238}$$

$$AG^{-}A = \begin{pmatrix} a & b \\ c & d \end{pmatrix}\begin{pmatrix} e & f \\ g & h \end{pmatrix}\begin{pmatrix} a & b \\ c & d \end{pmatrix} \tag{2.239}$$

$$= \begin{pmatrix} a^2e + abg + acf + bch & abe + b^2g + adf + bdh \\ ace + adg + c^2f + cdh & abe + bdg + cdf + d^2h \end{pmatrix} \tag{2.240}$$

$$= A = \begin{pmatrix} a & b \\ c & d \end{pmatrix} \tag{2.241}$$

となり，この連立方程式を解くことにより一般逆行列の要素がすべて求められる．たとえば，一般に，

$$A = \begin{pmatrix} i & ri \\ j & rj \end{pmatrix}$$

とすると，$AA^{-}A = A$ の一般逆行列の条件から，$ia + jb + ric + rjd = 1$ であるので一般逆行列は，

$$G^{-} = \begin{pmatrix} a & b \\ c & (1 - ia - jb - ric)/rj \end{pmatrix}$$

となる．しかし，一意には求められず，そのランクも異なることがある．た

とえば，行列 A の一般逆行列をあらためて A^- として，

$$A = \begin{pmatrix} 2 & 2 \\ 1 & 1 \end{pmatrix} \tag{2.242}$$

$$A^- = \begin{pmatrix} a & b \\ c & d \end{pmatrix} \tag{2.243}$$

とすると，

$$AA^-A = \begin{pmatrix} 2 & 2 \\ 1 & 1 \end{pmatrix}\begin{pmatrix} a & b \\ c & d \end{pmatrix}\begin{pmatrix} 2 & 2 \\ 1 & 1 \end{pmatrix} \tag{2.244}$$

$$= \begin{pmatrix} 4a+2b+4c+2d & 4a+2b+4c+2d \\ 2a+b+2c+d & 2a+b+2c+d \end{pmatrix} = A \tag{2.245}$$

$$= \begin{pmatrix} 2 & 2 \\ 1 & 1 \end{pmatrix} \tag{2.246}$$

であるので，$2a+b+2c+d=1$ となる必要がある．したがって，a, b, c を任意の定数として，

$$A^- = \begin{pmatrix} a & b \\ c & 1-2a-b-2c \end{pmatrix} \tag{2.247}$$

とならなければならない．たとえば，$a=1, b=c=0$ とすると，

$$A_1^- = \begin{pmatrix} 1 & 0 \\ 0 & -1 \end{pmatrix}$$

となり，$a=1/2, b=c=0$ とすると，

$$A_2^- = \begin{pmatrix} 1/2 & 0 \\ 0 & 0 \end{pmatrix}$$

となる．A_1^-, A_2^- のランクは，それぞれ2および1である．このように，一般行列は一意に求められず，そのランクも異なる場合がある．

2.20.4　与えられる方程式の数が未知数を上回る場合 ($M \geq N = m$)

一般逆行列は連立方程式を解く際に活用できる．以下に例を挙げて紹介する．連立方程式の b を Ax によって推定した時の推定誤差は，

$$R = Ax - b \tag{2.248}$$

で与えられ，この二乗誤差は，

$$f(x) = R^t R = (Ax - b)^t (Ax - b) \tag{2.249}$$

となる．これを最小にする意味で最適な解を求める．そのため，推定二乗誤差を x^t によって偏微分して 0 とおき，x を求める．すると，

$$\frac{\partial f(x)}{\partial x^t} = 2(A^t(Ax - b) = 2(A^t Ax - A^t b) = 0 \tag{2.250}$$

となり，この式から，

$$A^t Ax = A^t b \tag{2.251}$$

$$x = (A^t A)^{-1} A^t b = A^- b \tag{2.252}$$

$$A^- = (A^t A)^{-1} A^t \tag{2.253}$$

として x が求められ，この時の A^-（一般逆行列）が求められる．これを最小二乗規範に基づく一般逆行列（最小二乗一般逆行列）という．最小二乗一般逆行列の一般形は，

$$A^- = (A^t A)^{-1} A^t + (I - (A^t A)^{-1} A^t A)E \tag{2.254}$$

ここで，E は未知定数行列である．

A^- の一般形は以下の条件を満たしている．

$$AA^- A = A \tag{2.255}$$

$$(AA^-)^t = AA^- \tag{2.256}$$

例題

次の $M=2, N=2, m=2$ の場合の連立 1 次方程式，

$$2x_1 + x_2 = 3 \tag{2.257}$$
$$x_1 + 2x_2 = 3 \tag{2.258}$$

の解を求めよ．

解答例

$$4x_1 + 2x_2 - (x_1 + 2x_2) = 6 - 3 \tag{2.259}$$
$$3x_1 = 3 \tag{2.260}$$
$$x_1 = 1 \tag{2.261}$$
$$x_2 = 3 - 2x_1 \tag{2.262}$$
$$= 3 - 2 \times 1 = 1 \tag{2.263}$$

2.20.5　未知数が与えられる行列のランクを上回る場合（$N \geq m$）

有効な方程式の数は m 個であるので，N 個の 1 次独立な解は求められない．そのため，一般解 x は特殊解 x_p と基本解 x_c の 1 次結合と考える．

$$x = x_p + x_c \tag{2.264}$$

すなわち，与えられる方程式の数，または，データ数が未知数よりも少ないのでデータの与えられている部分を x_p とし，データのない部分を x_c として解くことになる．

1 次独立な係数行列を A_m とし，これに対応する係数ベクトルを b_m とすると，特殊解は次式を満足する．

$$A_m x_p = b_m \tag{2.265}$$

また，基本解は次式を満足する．

$$A_m x_c = 0 \tag{2.266}$$

特殊解を求める時に特殊解そのものの二乗ノルムを最小にする条件で解く．

$$\|x_p\|^2 = x_p^t x_p \tag{2.267}$$

この x_p の二乗ノルムは，解の滑らかさの指標であり，自然界の解は発散するようなものではなく，滑らかなものであるとの考えに基づくものである．すなわち，この二乗ノルムが小さな解を選べば滑らかな解を選んだことになる．

特殊解の推定誤差，

$$R = A_m x_p - b_m \tag{2.268}$$

を最小にする制約条件にて，前出の二乗ノルムを最小にする解を求める．

$$f(x_p) = \frac{1}{2}\|x_p\|^2 - R^t \lambda \tag{2.269}$$

ここで，

$$\lambda = (\lambda_1, \ldots, \lambda_m)^t \tag{2.270}$$

は，ラグランジェの未定乗数である．

$$\frac{\partial f}{\partial x_p^t} = x_p - A_m^t \lambda = 0 \tag{2.271}$$

$$\frac{\partial f}{\partial \lambda^t} = -(A_m x_p - b_m) = 0 \tag{2.272}$$

を満足する λ, x_p を求めると，

$$A_m^t \lambda = x_p \tag{2.273}$$

$$A_m x_p = b_m \tag{2.274}$$

$$b_m = A_m x_p = A_m A_m^t \lambda \tag{2.275}$$

$$\lambda = (A_m A_m^t)^{-1} b_m \tag{2.276}$$

$$x_p = A_m^t \lambda = A_m^t (A_m A_m^t)^{-1} b_m = A_m^- b_m \tag{2.277}$$

となる．ここで，

$$A_m^- = A_m^t (A_m A_m^t)^{-1} \tag{2.278}$$

であり，ノルム最小一般逆行列という．この一般形は，

$$A_m^- = A_m^t (A_m A_m^t)^{-1} + E(I - A_m A_m^t (A_m A_m^t)^{-1}) \tag{2.279}$$

であり，次の条件を満たしている．

$$A_m A_m^- A_m = A_m \tag{2.280}$$

$$(A_m^- A_m)^t = A_m^- A_m \tag{2.281}$$

例題

$M = 3, N = 2, m = 2$ の場合の連立 1 次方程式の解を求めよ．

$$2x_1 + x_2 = 3 \tag{2.282}$$

$$x_1 + 2x_2 = 3 \tag{2.283}$$

$$x_1 + x_2 = 2 \tag{2.284}$$

解答例

連立 1 次方程式をベクトル表記すると，

$$Ax = b \tag{2.285}$$

$$A = \begin{pmatrix} 2 & 1 \\ 1 & 2 \\ 1 & 1 \end{pmatrix} \tag{2.286}$$

$$x = \begin{pmatrix} x_1 \\ x_2 \end{pmatrix} \tag{2.287}$$

$$b = \begin{pmatrix} 3 \\ 3 \\ 2 \end{pmatrix} \tag{2.288}$$

である．すると，

$$A^t A = \begin{pmatrix} 2 & 1 & 1 \\ 1 & 2 & 1 \end{pmatrix} \begin{pmatrix} 2 & 1 \\ 1 & 2 \\ 1 & 1 \end{pmatrix} = \begin{pmatrix} 6 & 5 \\ 5 & 6 \end{pmatrix} \tag{2.289}$$

であり，

$$A^t b = \begin{pmatrix} 2 & 1 & 1 \\ 1 & 2 & 1 \end{pmatrix} \begin{pmatrix} 3 \\ 3 \\ 2 \end{pmatrix} = \begin{pmatrix} 11 \\ 11 \end{pmatrix} \tag{2.290}$$

なので，

$$\begin{pmatrix} 6 & 5 \\ 5 & 6 \end{pmatrix} \begin{pmatrix} x_1 \\ x_2 \end{pmatrix} = \begin{pmatrix} 11 \\ 11 \end{pmatrix} \tag{2.291}$$

となって，

$$x_1 = 1 \tag{2.292}$$

$$x_2 = 1 \tag{2.293}$$

と求められる．

2.20.6 ムーアペンローズ一般逆行列

次の条件をすべて満足する一般逆行列 A^+ をムーアペンローズ一般逆行列という．

$$
\begin{aligned}
(AA^+)^t &= AA^+ \\
(A^+A)^t &= A^+A \\
AA^+A &= A \\
A^+AA^+ &= A^+
\end{aligned}
\tag{2.294}
$$

すなわち，一般逆行列の条件，$AA^-A = A$ に3つの条件を付加している．これは，

$$
A^+ = A^tA(A^tAA^tA)^{-1}A^t \tag{2.295}
$$

であり，推定誤差 $e = (Ax - b)^t(Ax - b)$ と解のノルム x^tx を最小にするものである．

2つの正方行列，A^tA, AA^t の0でない固有値は一致し，対応する固有ベクトルを u^t, v^t とすると，u^t が A によって v^t に移る（写像される）．したがって，v^t を u^t に移す（写像する）行列が A^+ である．この方法は特異値分解によるムーアペンローズ一般逆行列の求め方の節において詳述する．

M 行 N 列の行列 A のランクが m の場合，M 行 m 列の行列 B と m 行 N 列の行列 C の積で A を表せる．

$$
A = BC \tag{2.296}
$$

$$
\mathrm{rank}\, A = \mathrm{rank}\, B = \mathrm{rank}\, C = m \tag{2.297}
$$

この時，N 行 M 列のムーアペンローズ一般逆行列 A^+ は，

$$
A^+ = C^t(CC^t)^{-1}(B^tB)^{-1}B^t \tag{2.298}
$$

と表せる．

例題

次の $M = 1, N = 2, m = 1$ の連立 1 次方程式の解を求めよ．

$$2x_1 + x_2 = 3 \tag{2.299}$$

解答例

$$AA^t = \begin{pmatrix} 2 & 1 \end{pmatrix} \begin{pmatrix} 2 \\ 1 \end{pmatrix} = 5 \tag{2.300}$$

であるので，

$$A_m^- = A^t(AA^t)^{-1} = \frac{1}{5} \begin{pmatrix} 2 \\ 1 \end{pmatrix} = \begin{pmatrix} 2/5 \\ 1/5 \end{pmatrix} \tag{2.301}$$

となり，

$$x = A_m^- b_m = \begin{pmatrix} 2/5 \\ 1/5 \end{pmatrix} \times 3 = \begin{pmatrix} 6/5 \\ 3/5 \end{pmatrix} \tag{2.302}$$

と解が求められる．

第 3 章

線形逆問題

体積 d_2 に密度 m_1 を掛ければ質量 d_1 になるので，

$$d_2 m_1 = d_1 \tag{3.1}$$

$$d_2 m_1 - d_1 = 0 \tag{3.2}$$

となる．これは一般に，

$$f_1(d, m) = 0 \tag{3.3}$$

と書ける．線形関数 f とデータ d を与え，m を求める問題を線形逆問題と呼ぶ．これは，線形逆問題の最も簡単な場合である．ここで，$f_1(d, m)$ は，具体的には，線形関数であり，連立 1 次方程式を想定している．また，d_2 は連立 1 次方程式の係数行列，m_1 はモデルパラメータ，d_1 はデータである．この式を解き，m を求めることを線形逆問題を解くという．この場合は体積と質量から密度を推定することができる．

このように，逆問題の最も簡単な場合は，

$$Gm = d \tag{3.4}$$

のような線形逆問題である．G, m, d は，それぞれ，係数行列，モデルパラメータ，データであり，与えられる方程式の数の連立 1 次方程式である．また，モデルパラメータ，データはベクトルであり，G は行列である．順問題では G, m を与えて d を計算する．すなわち，原因と「原因と結果」の関係を表す関数を与えて結果を求める．逆問題では G, d を与えて m を推定する．すなわち，結果と「原因と結果」の関係を表す関数を与えて原因を推定する．したがって，与えられるデータ数，関数の性質によっては一意な解が求められない場合があり，解の存在，一意性，連続性が問題になる．ここでは，まず，線形逆問題の定義をより明確にし，次にその解法について紹介する．さらに，解の吟味の方法についても紹介する．

3.1　線形逆問題の定義

単純化した線形逆問題について紹介する．まず，結果として得られるデータを質量と体積（d_1, d_2）とからなるものとする．一般には，

$$d = (d_1, d_2, \ldots, d_N)^t \tag{3.5}$$

と書ける．また，原因として考えられるモデルを密度（m_1）とする．これも一般化すれば，

$$m = (m_1, m_2, \ldots, m_M)^t \tag{3.6}$$

のように書ける．密度に体積を掛ければ質量になるので，

$$d_2 m_1 = d_1 \tag{3.7}$$

$$f_1(d, m) = 0 \tag{3.8}$$

となり，線形逆問題の最も簡単な場合が記述できる．この式を解き，m を求めることを線形逆問題を解くという．この場合は体積と質量から密度を推定することができる．一般的には，

$$f_1(d, m) = 0 \tag{3.9}$$

$$\vdots$$

$$f_L(d, m) = 0 \tag{3.10}$$

となり，さらに，一般化して，

$$f(d, m) = 0 = F\begin{pmatrix} d \\ m \end{pmatrix} \tag{3.11}$$

と書ける．ここで，F は $L \times (M + N)$ の行列である．この M, N は，モデルパラメータの数とデータ数であり，また，未知数と与えたデータ数（方程式の数）でもある．

$$f(d, m) = 0 = d - g(m) \tag{3.12}$$

g は m と d が分離可能な場合でデータについて線形な $L = N$ 個の方程式ができる場合は，

$$f(d, m) = 0 = d - Gm \tag{3.13}$$

となる．このように，結果としてのデータから原因であるモデルパラメータを推定することを逆問題と呼んでいる．太鼓の音を聞いて，太鼓の直径や皮の張り具合や気象条件等を推定する時，医者が患者から症状を聞いて病名を特定する場合，コンピュータトモグラフィによって放射状に配列された放射源から体内を透過する放射量を基に体内の 3 次元構造を推定する等逆問題の解法が有用である．

3.1.1 コンピュータトモグラフィ

X 線ビーム強度を I, ビームに沿った距離を s, 対象物の吸収係数を $a(x, y)$ とする．X 線源のビーム強度を I_0 とし，対象物を透過して放射状に配列した N 個の X 線検知器にて検知出力が得られるようになっているものとする．

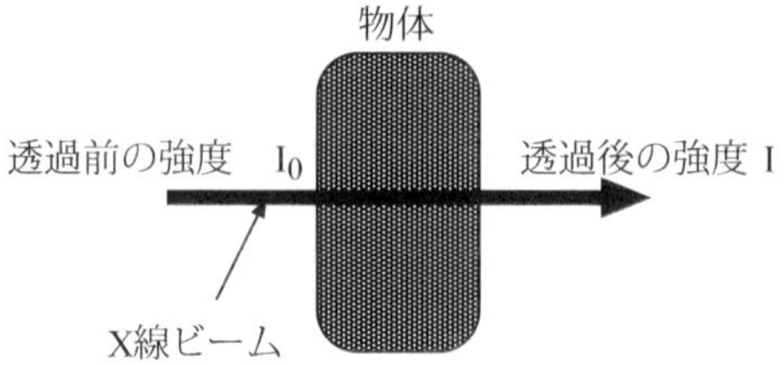

図 3.1　X 線トモグラフィにおける対象物の X 線透過の様子

すると，i 番目の検知器にて得られる X 線ビームの強度は，

$$I_i = I_0 e^{-\int a(x,y)ds} \tag{3.14}$$

$$lnI_0 - lnI_i = \int a(x,y)ds \tag{3.15}$$

で表せる．ただし，

$$\triangle I = sm \tag{3.16}$$

$$\triangle I = (\triangle I_1, \ldots, \triangle I_N)^t \tag{3.17}$$

$$m = (a_1(x,y), \ldots, a_M(x,y))^t \tag{3.18}$$

$$s = \begin{pmatrix} \triangle s_{11} & \cdot & \triangle s_{1M} \\ \cdot & \cdot & \cdot \\ \triangle s_{N1} & \cdot & \triangle s_{NM} \end{pmatrix} \tag{3.19}$$

である．ここで，

$$\triangle I_i = \frac{I_0 - I_i}{I_0} \tag{3.20}$$

$$= \sum_{j=1}^{M} \triangle s_{ij} a_j(x,y) \tag{3.21}$$

である．

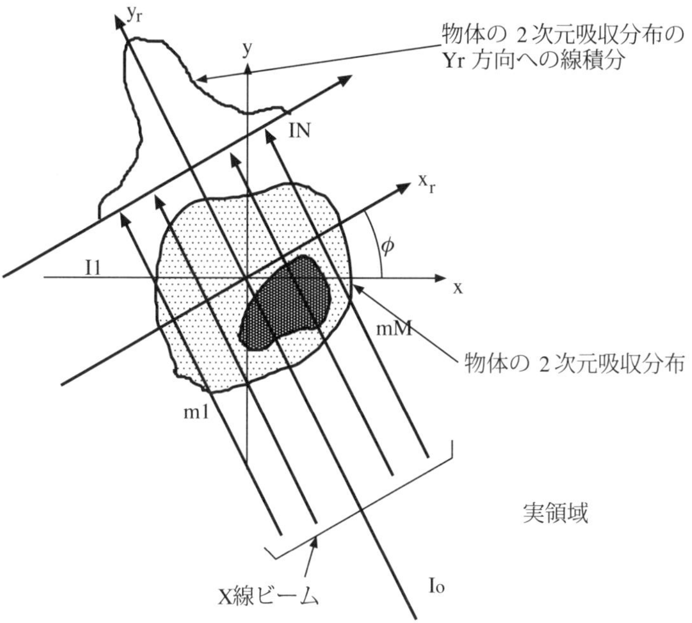

図 3.2 X 線トモグラフィにおける検知器による X 線検知の様子

また，人間の網膜に捉えられた 2 次元映像から 3 次元を知覚するような場合やコンピュータビジョン，ロボットビジョンの分野では，たとえば，ロボットに取り付けたカメラによって得られる 2 次元画像から 3 次元の物理空間を推定する場合，逆問題を解いているのである．

G（データ核）は $F = (-IG)$ の場合で，かつ，データとモデルの関係が線形で $N \times M$ 個の方程式ができる場合には，

$$d_i = \sum_{j=1}^{M} G_{ij} m_j \tag{3.22}$$

$$d_i = \int G_i(x) m(x) dx \tag{3.23}$$

$$d(y) = \int G(y, x)m(x)dx \tag{3.24}$$

と表せる．この第 1 式は離散逆問題，第 2 式は連続逆問題，また，第 3 式は積分方程式と呼び，いずれも d, G から m を推定する逆問題である．線形逆問題の最も簡単な形式，

$$Gm = d \tag{3.25}$$

から m を求める際に，もしも，G が正則であるならば，その逆行列が存在し，その逆行列を左から掛ければ，

$$m = G^{-1}d \tag{3.26}$$

となって m が求められるが，G が正則であることはまれであるので，ことはそう簡単ではない．

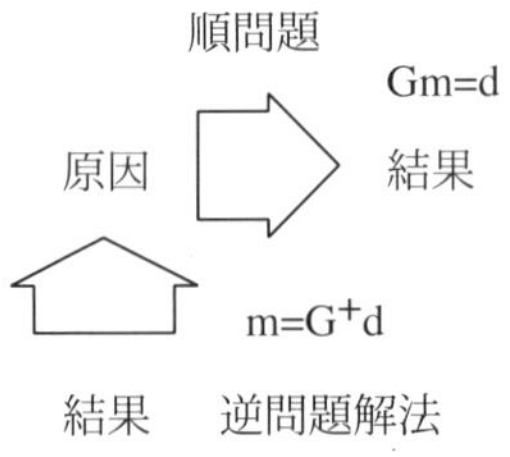

図 3.3　逆問題と順問題の相違

3.2　線形逆問題の解法

結果から原因を推定することは，たとえば，医者が患者の症状を聞いて（問診して），病名を推定し，最適な治療法，処方箋を導くことである．同じ結果であっても異なる原因が考えられるので原因の推定には誤差がつきものである．また，m は一意に求められないので，これを求める際に何らかの基準が必要である．

逆問題を解く時に重要なことは与えられるデータの個数 N と未知数 M の関係である．また，G のランク r[*1]との関係でその解き方が異なってくる．すなわち，未知数よりもデータの数（特殊解の数，または，与えられる方程式の数）が大きければ，何らかの意味で最小二乗推定が可能となるが，逆の場合はそうは行かない．前者を優決定問題，後者を劣決定問題と呼び，両者の数が一致しているものを平衡決定問題と呼ぶ．ここでは，まず，$M = N = r$ の平衡決定問題の場合の解法について述べ，劣決定，優決定のそれぞれの問題の解法の代表的なものを紹介する．

3.2.1　平衡決定問題

線形逆問題の場合，平衡決定問題は連立 1 次方程式を解くことに相当する．

$$G_{11}m_1 + \cdots + G_{1M}m_M = d_1 \tag{3.27}$$

$$\vdots$$

$$G_{N1}m_1 + \ldots + G_{NM}m_M = d_N \tag{3.28}$$

これを解くことにより m を求める．行列形式では，

$$Gm = d \tag{3.29}$$

$$m = G^{-1}d \tag{3.30}$$

$$GG^{-1} = I \tag{3.31}$$

となる．ここで，I は N 次の単位行列である．

[*1] 与えられる方程式のうち，1 次独立なものの数（与えられる方程式に 1 次従属な，すなわち，他の方程式と関係のある式をいくら加えても式を解くために役に立たない）．

3.2.2 劣決定問題

ここでは，まず，ノルムを定義する．

$$e_i = d_i^{obs} - d_i^{pre} \tag{3.32}$$

$$d_i^{pre} = Gm_i^{est} \tag{3.33}$$

$$E = e^t e \tag{3.34}$$

これら，“obs”,“pre” および “est” は，それぞれ，観測値，予測値および推定値を表す．すなわち，上式の第 1 式はデータに関する推定誤差（データ空間におけるユークリッド距離）を表し，第 2 式は推定したモデルパラメータをデータ空間に写像した場合に相当する．第 3 式はデータ空間における二乗誤差（ユークリッドノルム）を表す．このノルムには以下に示すものが知られている．

$$L_1 : \|e\|_1 = \left(\sum_i |e_i| \right) \tag{3.35}$$

$$L_2 : \|e\|_2 = \left(\sum_i |e_i|^2 \right)^{1/2} \tag{3.36}$$

$$L_n : \|e\|_n = \left(\sum_i |e_i|^n \right)^{1/n} \tag{3.37}$$

L_1 ノルムは，推定誤差の絶対値（または，データ空間におけるベクトル）の総和であり，L_2 ノルムは，一般によく知られているユークリッドノルム，推定誤差の絶対値の二乗の総和を平方根，L_n ノルムは，推定誤差の絶対値の n 乗の総和を n 乗根である．また，これ以外に，

$$L_\infty : \max(e_i) \tag{3.38}$$

も知られている．

さて，$e = d - Gm = 0$ の制約条件の下で $L = m^t m = \sum m_i^2$ を最小にする m^{est} を求める．この問題はラグランジェの未定乗数法を適用し，次の評価関

数（または，コスト関数）を m^{est} について最小にするように求める．

$$C = L + \lambda e = \sum_{i=1}^{M} m_i^2 + \sum_{i=1}^{N} \lambda_i e_i \tag{3.39}$$

$$= \sum_{i=1}^{M} m_i^2 + \sum_{i=1}^{N} \lambda_i (d_i - \sum_{i=1}^{M} G_{ij} m_j) \tag{3.40}$$

ここで，λ_i はラグランジェ未定乗数である．これを最小化するため，この式を m_i で微分して 0[*2] とおくと，

$$\frac{\partial C}{\partial m^{est}} = 2 \sum_{i=1}^{M} \frac{m_i}{m^{est}} m_i - \sum_{i=1}^{N} \lambda_i \sum_{i=1}^{M} G_{ij} \frac{\partial m_j}{\partial m^{est}} \tag{3.41}$$

$$= 2m_{est} - \sum_{i=1}^{N} \lambda_i G_{ij} = 2\boldsymbol{m} - \boldsymbol{G}^t \boldsymbol{\lambda} = 0 \tag{3.42}$$

となる．ここで，最後の式は行列表現に書き改めている．この式と制約条件式 $\boldsymbol{Gm} = \boldsymbol{d}$ とを連立させて解き，

$$\boldsymbol{d} = \boldsymbol{Gm} = \frac{1}{2} \boldsymbol{GG}^t \boldsymbol{\lambda} \tag{3.43}$$

となる．この行列 $[\boldsymbol{GG}^t]$ は正方行列である．正方行列ではあるが，正則とは限らないので逆行列が存在する保証はないが，もしも，存在すればラグランジェ乗数が決定できて，

$$\boldsymbol{\lambda} = 2(\boldsymbol{GG}^t)^{-1} \boldsymbol{d} \tag{3.44}$$

となって，これを前式に代入して，$\boldsymbol{m}$ を求めると，

$$\boldsymbol{m}^{est} = \boldsymbol{G}^t (\boldsymbol{GG}^t)^{-1} \boldsymbol{d} \tag{3.45}$$

となる．この解はノルム L を最小にするように求めたものであるので最小ノルム解と呼ぶ．

[*2] 二乗した値であるので 0 が最小である．

一般的なノルム最小型一般化逆行列を定義する．$M > r$ の場合，未知数は有効な方程式の数を上回っているので M この 1 次独立な未知数を決定することはできない．この場合，解 m は特殊解 m_p と基本解 m_f の 1 次結合として与えられる．

$$m = m_p + m_f \tag{3.46}$$

係数行列 G のランクが r であり，r 個だけが 1 次独立であるから，G を 1 次独立な部分とそうでない部分とに分け，前者の係数行列を G_i をとし，それに対応するデータのベクトルを d_i とすると，特殊解は，

$$G_i m_p = d_i \tag{3.47}$$

となる．また，基本解は，

$$G_i m_f = 0 \tag{3.48}$$

となる．この特殊解を求める時は，特殊解のノルムの二乗，

$$\|m_p\|^2 = m_p^t m_p \tag{3.49}$$

を最小化するものが解であるとして，ラグランジェの未定乗数，

$$\lambda = (\lambda_1, \ldots, \lambda_r)^t \tag{3.50}$$

を導入して，

$$G_i m_p - d_i \tag{3.51}$$

を制約条件に加える．すなわち，

$$C = \frac{1}{2} m_p^t m_p - (G_i m_p - d_i)^t \lambda \tag{3.52}$$

を最小にする解，m_p を求める．そのため，C を m_p^t および λ^t で偏微分して，

$$\frac{\partial C}{\partial m_p^t} = m_p - G_i^t \lambda = 0 \tag{3.53}$$

$$\frac{\partial C}{\partial \lambda^t} = -(G_i m_p - d_i) = 0 \tag{3.54}$$

となる．これらから，

$$d_i = G_i m_p = G_i G_i^t \lambda \tag{3.55}$$

となるので，

$$\lambda = (G_i G_i^t)^{-1} d_i \tag{3.56}$$

が求められる．これを改めて前出の連立方程式に代入して解くと，

$$m_p = G_i^t \lambda = G_i^t (G_i G_i^t)^{-1} d_i = G_i^- d_i \tag{3.57}$$

となって解が求められる．ここで，G_i^- はノルム最小基準に基づく一般化逆行列（ノルム最小型一般化逆行列）であり，

$$G_i^- = G_i^t (G_i G_i^t)^{-1} \tag{3.58}$$

である．ノルム最小型一般化逆行列の一般型は，

$$G^- = G^t (GG^t)^{-1} + E(I - GG^t (GG^t)^{-1}) \tag{3.59}$$

であり，未知定数行列 E を伴う誤差項が付加された形式になっている．また，このノルム最小型一般化逆行列は，

$$GG^- G = G \tag{3.60}$$

$$(G^- G)^t = G^- G \tag{3.61}$$

を満たしている．ここでラグランジェの未定乗数法について解説する．

3.2.3　ラグランジェ未定乗数法

この方法は変分法の 1 つである．2 次元の解の空間における評価関数 E の変移 dE を，

$$dE = \frac{\partial E}{\partial x} dx + \frac{\partial E}{\partial y} dy = 0 \tag{3.62}$$

のように定義する．

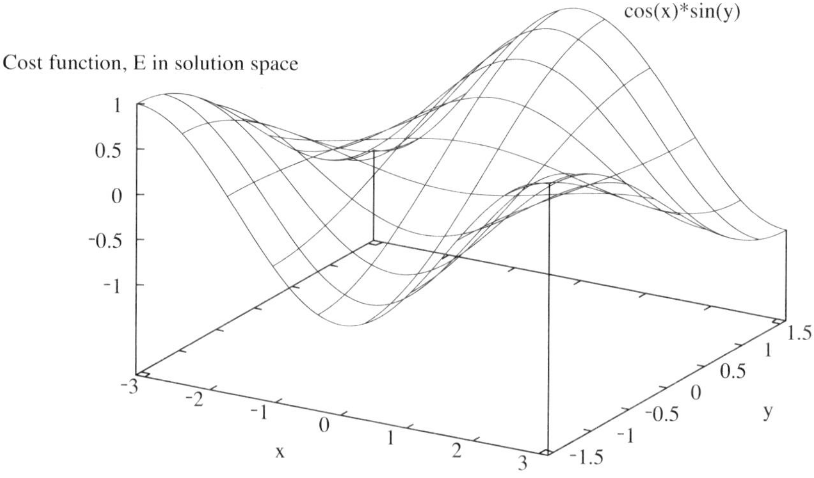

図 3.4　2 次元の解の空間における評価関数 E

解の制約条件，または，拘束条件はどこでも 0 なので，

$$\phi(x, y) = 0 \tag{3.63}$$

$$d\phi = \frac{\partial \phi}{\partial x}dx + \frac{\partial \phi}{\partial y}dy = 0 \tag{3.64}$$

と書ける．この 2 つの重み付き和，

$$dE + \lambda d\phi = (\frac{\partial E}{\partial x} + \lambda\frac{\partial \phi}{\partial x})dx + (\frac{\partial E}{\partial y} + \lambda\frac{\partial \phi}{\partial y})dy = 0 \tag{3.65}$$

を最小に，すなわち，この場合，0 にする解を求める．そのため，括弧内が 0 になるようにする．結果として，制約条件なしの $E + \lambda\phi$ の最小化問題に

帰着でき，

$$\left(\frac{\partial E}{\partial x} + \lambda \frac{\partial \phi}{\partial x}\right) = 0 \tag{3.66}$$

$$\left(\frac{\partial E}{\partial y} + \lambda \frac{\partial \phi}{\partial y}\right) = 0 \tag{3.67}$$

$$\phi(x, y) = 0 \tag{3.68}$$

となる．これは，m 個の未知変量に関する式に q 個の制約条件を加えて，平衡決定問題に持ち込んで解くことと等価である．したがって，

$$\frac{\partial E}{\partial m_i} + \sum_{j=1}^{q} \lambda_j \frac{\partial \phi_j}{\partial m_i} = 0 \tag{3.69}$$

$$\phi_i(m) = 0 \tag{3.70}$$

となる．

3.2.4　線形等式拘束条件

$$Fm = \frac{1}{M}(1, 1, \ldots, 1)\begin{pmatrix} m_1 \\ \vdots \\ m_M \end{pmatrix} = (h_1) = h \tag{3.71}$$

の線形逆問題を考える．$Fm - h = 0$ の拘束条件の下に $e^t e$ を最小にする解を求める．すると，

$$\phi(m) = \sum_{i=1}^{N}\left(\sum_{j=1}^{M} G_{ij} m_j - d_j\right)^2 + 2\sum_{i=1}^{p} \lambda_i \left(\sum_{j=1}^{M} F_{ij} m_j - h_i\right) \frac{\partial \phi(m)}{\partial m_q} \tag{3.72}$$

$$= 2\sum_{i=1}^{M} m_i \sum_{j=1}^{N} G_{jq} G_{ji} - 2\sum_{i=1}^{N} G_{iq} d_i + 2\sum_{i=1}^{p} \lambda_i F_{iq} = 0 \tag{3.73}$$

となり，

$$\begin{pmatrix} G^t G & F^t \\ F & 0 \end{pmatrix}\begin{pmatrix} m \\ \lambda \end{pmatrix} = \begin{pmatrix} G^t d \\ h \end{pmatrix} \tag{3.74}$$

となって解が求められる．

3.2.5 優決定問題

次に，与えられるデータの数が未知数を上回っている場合について考える．$NM = r$ であるので未知数よりも有効な方程式の数が上回っている場合である．この場合，未知パラメータを最小二乗の意味で最適な解として求める．これを最小二乗法と呼ぶ．すなわち，推定誤差の二乗を最小にする方法である．推定二乗誤差は，

$$E = e^t e = (d - Gm)^t (d - Gm) \tag{3.75}$$

$$= \sum_i^N \left(d_i - \sum_j^M G_{ij} m_j \right) (d_i - \sum_k^M G_{ik} m_k) \tag{3.76}$$

$$= \sum_j \sum_k m_j m_k \sum_i G_{ij} G_{ik} - 2 \sum_j m_j \sum_i G_{ij} d_i + \sum_i d_i d_i \tag{3.77}$$

と表せる．上式の第1項の m に関する偏微分は，

$$\frac{\partial}{\partial m_q} \left(\sum_j \sum_k m_j m_k \sum_i G_{ij} G_{ik} \right) = \sum_j \sum_k (\delta_{jq} m_k + m_j \delta_{kq}) \sum_i G_{ij} G_{ik} \tag{3.78}$$

$$= 2 \sum_k m_k \sum_i G_{iq} G_{ik} \tag{3.79}$$

であり，これを m で偏微分し，これが 0[*3]となるような m を求める．また，第2項の偏微分は，

$$- 2 \frac{\partial}{\partial m_q} \left(\sum_j m_j \sum_i G_{ij} d_i \right) \tag{3.80}$$

$$= -2 \sum_j \delta_{jq} \sum_i G_{ij} d_i = -2 \sum_i G_{iq} d_i \tag{3.81}$$

[*3] 二乗誤差であるので 0 が最小である．

となり，さらに，第 3 項の偏微分，

$$\frac{\partial}{\partial m_q}\left(\sum_i d_i d_i\right) = 0 \tag{3.82}$$

とすると，結局，

$$\partial E/\partial m_q = 0 = 2\sum_k m_k \sum_i G_{iq}G_{ik} - 2\sum_i G_{iq}d_i \tag{3.83}$$

$$G^t G m - G^t d = 0 \tag{3.84}$$

$$m^{est} = (G^t G)^{-1} G^t d = G^- d \tag{3.85}$$

となって，$Gm = d$ の最小二乗解が得られる．ここで，

$$G^- = (G^t G)^{-1} G^t \tag{3.86}$$

であり，最小二乗型一般化逆行列と呼ばれている．

さて，最小二乗解が常に如何なる場合でも存在するとは限らない．ここでは，最小二乗解の存在可能性について述べる．すなわち，最小二乗解が存在するためには，$(G^t G)^{-1}$ が存在する必要がある．この逆行列は G が正則である場合にのみ求められる．

一般的な最小二乗型一般化逆行列は，

$$G^- = (G^t G)^{-1} G^t + (I - (G^t G)^{-1} G^t G)E \tag{3.87}$$

である．この E は前出の未知定数行列である．最小二乗型一般化逆行列は，

$$GG^- = G \tag{3.88}$$

$$(GG^-)^t = GG^- \tag{3.89}$$

を満足している．

3.2.6 優決定，平衡決定，劣決定問題の解き方

さて，優決定問題は以下のように定式化できた．

$$(G^t G)m = G^t d \tag{3.90}$$

この両辺に $(G^tG)^{-1}$ を左から掛ければ，前出の優決定問題の最小二乗解である，

$$m = (G^tG)^{-1}G^td \tag{3.91}$$

となっている．一方，劣決定問題は，

$$(GG^t)\lambda = d \tag{3.92}$$

$$m = G^t\lambda \tag{3.93}$$

と定式化できる．第1式の両辺に $(GG^t)^{-1}$ を左から掛ければ，

$$\lambda = (GG^t)^{-1}d \tag{3.94}$$

となり，これを第2式に代入すれば，

$$m = G^t(GG^t)^{-1}d \tag{3.95}$$

となり，これは前出の劣決定問題の最小ノルム解になっている．結局，優決定，平衡決定および劣決定問題のすべての場合，正方行列 $(G^tG), (GG^t)$ に m，または，λ のベクトルを掛け，それがベクトルになっているという問題に帰着できる．すなわち，正方行列の逆行列を求めることに帰着できる．$N \times N$ の正方行列 A の逆行列は，

$$AA^{-1} = I \tag{3.96}$$

となるような A^{-1} を見つければよいので，$A^{-1} = x$, $I = b$ とすれば，

$$Ax = b \tag{3.97}$$

の方程式を解くことに相当する．すなわち，連立1次方程式を解くことに帰着できる．

3.2.7 ムーアペンローズ一般逆行列

ノルム最小型も最小二乗型の一般逆行列もその一般型は未知定数行列を含んでおり，一意に決定できないという欠点がある．これを克服した一般逆行列がムーアによって提案され，ペンローズが証明したムーアペンローズ一般逆行列である．これは，式 2.294 に示すように，

$$(GG^+)^t = GG^+ \tag{3.98}$$
$$(G^+G)^t = G^+G \tag{3.99}$$
$$GG^+G = G \tag{3.100}$$
$$G^+GG^+ = G^+ \tag{3.101}$$

をすべて満足するような G^+ である．$N \times M$ の行列 G のランクが r である時，$N \times r$ 行列，B および $M \times r$ 行列，C との積で G が表せる．

$$G = BC \tag{3.102}$$

この時，行列 B, C のランクはともに r である．この G のムーアペンローズ一般逆行列は，

$$G^+ = C^t(CC^t)^{-1}(B^tB)^{-1}B^t \tag{3.103}$$

で表せる．この G^+ は $M \times N$ 行列となっている．このムーアペンローズ一般逆行列は，

$$(G^t)^+ = (G^+)^t \tag{3.104}$$
$$(G^+)^+ = G \tag{3.105}$$

の性質を有している．また，

$$GG^+ = BCC^t(CC^t)^{-1}(B^tB)^{-1}B^t \tag{3.106}$$
$$= BI(B^tB)^{-1}B^t = B(B^tB)^{-1}B^t \tag{3.107}$$

なので，

$$(GG^{+})^{t} = (B(B^{t}B)^{-1}B^{t})^{t} \tag{3.108}$$

$$= (B^{t})^{t}(B^{t}(B^{t})^{t})^{-1}B^{t} = B(B^{t}B)^{-1}B^{t} \tag{3.109}$$

となる．両者は一致しているので，

$$(GG^{+})^{t} = GG^{+} \tag{3.110}$$

の性質が導かれる．また，同様にして，

$$(G^{+}G)^{t} = G^{+}G \tag{3.111}$$

となる．

G と G^{+} のランクに関して以下の関係がある．

$$\mathrm{rank}\, G = \mathrm{rank}\, G^{+} \tag{3.112}$$

$$= \mathrm{rank}\,(GG^{+}) \tag{3.113}$$

$$= \mathrm{rank}\,(G^{+}G) \tag{3.114}$$

$$= \mathrm{rank}\,(GG^{+}G) \tag{3.115}$$

$$= \mathrm{rank}\,(G^{+}GG^{+}) \tag{3.116}$$

$$= r \tag{3.117}$$

例題

行列 A のムーアペンローズ型一般逆行列 A^{+} が次の関係式を満足することを証明せよ．

$$(AA^{+})^{t} = AA^{+} \tag{3.118}$$

$$(A^{+}A)^{t} = A^{+}A \tag{3.119}$$

解答例

A を直積分解し，AA^+ を求めると，

$$A = BC \tag{3.120}$$

$$A^+ = C^t(CC^t)^{-1}(B^tB)^{-1}B^t \tag{3.121}$$

$$AA^+ = BCC^t(CC^t)^{-1}(B^tB)^{-1}B^t \tag{3.122}$$

$$= BI(B^tB)^{-1}B^t = B(B^tB)^{-1}B^t \tag{3.123}$$

となる．また，

$$(AA^+)^t = (B(B^tB)^{-1}B^t)^t \tag{3.124}$$

$$= (B^t)^t((B^tB)^{-1})^tB^t \tag{3.125}$$

$$= (B^t)^t(B^t(B^t)^t)^{-1}B^t \tag{3.126}$$

$$= B(B^tB)^{-1}B^t \tag{3.127}$$

ともなる．したがって，

$$(AA^+)^t = AA^+ \tag{3.128}$$

が証明できる．さらに，

$$A^+A = C^t(CC^t)^{-1}(B^tB)^{-1}B^tBCC^t(CC^t)^{-1}IC \tag{3.129}$$

$$= C^t(CC^t)^{-1}C \tag{3.130}$$

であり，両辺の転置は，

$$(A^+A)^t = (C^t(CC^t)^{-1}C)^t \tag{3.131}$$

$$= C^t((CC^t)^{-1})^t(C^t)^t \tag{3.132}$$

$$= C^t((C^t)^tC^t)^{-1}(C^t)^t \tag{3.133}$$

$$= C^t(CC^t)^{-1}C \tag{3.134}$$

となる．したがって，

$$(A^+A)^t = A^+A \tag{3.135}$$

となる．

例題

行列 G のムーアペンローズ一般逆行列 G^+ が次の関係式を満足することを証明せよ．

$$GG^+G = G \tag{3.136}$$

$$G^+GG^+ = G^+ \tag{3.137}$$

$$(G^t)^+ = (G^+)^t \tag{3.138}$$

解答例

$G = BC$ と直積分解し，

$$GG^+G = BCC^t(CC^t)^{-1}(B^tB)^{-1}B^tBC \tag{3.139}$$

$$= BIIC = BC = G \tag{3.140}$$

となるので第 1 式は証明できる．また，

$$G^+GG^+ = C^t(CC^t)^{-1}(B^tB)^{-1}B^tBCC^t(CC^t)^{-1}(B^tB)^{-1}B^t \tag{3.141}$$

$$= C^t(CC^t)^{-1}II(B^tB)^{-1}B^t \tag{3.142}$$

$$= C^t(CC^t)^{-1}(B^tB)^{-1}B^t = G^+ \tag{3.143}$$

となって第 2 式も証明できる．さらに，

$$G^t = C^tB^t \tag{3.144}$$

$$(G^t)^+ = (B^t)^t(B^t(B^t)^t)^{-1}((C^t)^tC^t)^{-1}(C^t)^t \tag{3.145}$$

$$= B(B^tB)^{-1}(CC^t)^{-1}C \tag{3.146}$$

であり，

$$G^+ = C^t(CC^t)^{-1}(B^tB)^{-1}B^t \tag{3.147}$$

$$(G^+)^t = (C^t(CC^t)^{-1}(B^tB)^{-1}B^t)^t \tag{3.148}$$

$$= B(BB^t)^{-1}(C^tC)^{-1}C \tag{3.149}$$

であるので，

$$BB^t = B^t B \tag{3.150}$$

$$CC^t = C^t C \tag{3.151}$$

$$(G^t)^+ = (G^+)^t \tag{3.152}$$

となって第 3 式も証明できる．

3.2.8 一般逆行列の求め方

ムーアペンローズ一般逆行列の求め方には種々の方法があるが，ここでは，*LU* 分解による方法を紹介する．

LU 分解による連立方程式の解法

$$LUm = q \tag{3.153}$$

とする．ここで，

$$L = \begin{pmatrix} l_{11} & 0 & 0 & \cdots & 0 \\ l_{21} & l_{22} & 0 & \cdots & 0 \\ \vdots & \vdots & \vdots & \ddots & \vdots \\ l_{n1} & l_{n2} & l_{n3} & \cdots & l_{nn} \end{pmatrix} \tag{3.154}$$

$$U = \begin{pmatrix} u_{11} & u_{12} & u_{13} & \cdots & u_{1n} \\ 0 & u_{22} & u_{23} & \cdots & u_{2n} \\ \vdots & \vdots & \vdots & \ddots & \vdots \\ 0 & 0 & 0 & \cdots & u_{nn} \end{pmatrix} \tag{3.155}$$

となる下三角および上三角行列である．ここで，

$$Um = y \tag{3.156}$$

とおくと，

$$Ly = q \tag{3.157}$$

のように元の式は表される．L, U はともに三角行列なので y を求め，m を求めることができる．まず，第1行目は，

$$l_{11}y_1 = q_1 \tag{3.158}$$

$$y_1 = \frac{q_1}{l_{11}} \tag{3.159}$$

となり，第2行目は，

$$l_{21}y_1 + l_{22}y_2 = q_2 \tag{3.160}$$

$$y_2 = \frac{q_2 - l_{21}y_1}{l_{22}} \tag{3.161}$$

であり，また，第3行目は，

$$l_{31}y_1 + l_{32}y_2 + l_{33}y_3 = q_3 \tag{3.162}$$

$$y_3 = \frac{q_3 - l_{31}y_1 - l_{32}y_2}{l_{33}} \tag{3.163}$$

となる．したがって，第 i 行目は，

$$y_1 = \frac{q_1}{l_{11}} \tag{3.164}$$

$$y_i = \frac{q_i - \sum_{j=1}^{i-1} l_{ij}y_j}{l_{ii}} \quad i = 2, 3, \ldots, n \tag{3.165}$$

となる．次に，この y を基に m を求めるが，この時，U は上三角行列なので，

$$m_n = \frac{y_n}{u_{nn}} \tag{3.166}$$

$$m_i = \frac{y_i - \sum_{j=i+1}^{n} u_{ij}m_j}{u_{ii}} \quad i = n-1, n-2, \ldots, 1 \tag{3.167}$$

となって m が求められる．これを後退代入という．

LU 分解

$$A = LU \tag{3.168}$$

と分解することを考える．このように行列を複数の行列の積の形式に変換することを直積分解と呼ぶ．ここで，

$$A = \begin{pmatrix} a_{11} & a_{12} & a_{13} & \cdots & a_{1n} \\ a_{21} & a_{22} & a_{23} & \cdots & a_{2n} \\ \vdots & \vdots & \vdots & \ddots & \vdots \\ a_{n1} & a_{n2} & a_{n3} & \cdots & a_{nn} \end{pmatrix} \tag{3.169}$$

$$L = \begin{pmatrix} 1 & 0 & 0 & \cdots & 0 \\ l_{21} & 1 & 0 & \cdots & 0 \\ \vdots & \vdots & \vdots & \ddots & \vdots \\ l_{n1} & l_{n2} & l_{n3} & \cdots & 1 \end{pmatrix} \tag{3.170}$$

$$U = \begin{pmatrix} u_{11} & u_{12} & u_{13} & \cdots & u_{1n} \\ 0 & u_{22} & u_{23} & \cdots & u_{2n} \\ \vdots & \vdots & \vdots & \ddots & \vdots \\ 0 & 0 & 0 & \cdots & u_{nn} \end{pmatrix} \tag{3.171}$$

である．

$$LU = \begin{pmatrix} 1 & 0 & 0 & \cdots & 0 \\ l_{21} & 1 & 0 & \cdots & 0 \\ \vdots & \vdots & \vdots & \ddots & \vdots \\ l_{n1} & l_{n2} & l_{n3} & \cdots & 1 \end{pmatrix} \begin{pmatrix} u_{11} & u_{12} & u_{13} & \cdots & u_{1n} \\ 0 & u_{22} & u_{23} & \cdots & u_{2n} \\ \vdots & \vdots & \vdots & \ddots & \vdots \\ 0 & 0 & 0 & \cdots & u_{nn} \end{pmatrix} \tag{3.172}$$

$$= \begin{pmatrix} u_{11} & u_{12} & \cdots & u_{1n} \\ l_{21}u_{11} & l_{21}u_{12} + u_{22} & \cdots & l_{21}u_{1n} + u_{2n} \\ \vdots & \vdots & \ddots & \vdots \\ l_{n1}u_{11} & l_{n1}u_{12} + l_{n2}u_{22} & \cdots & u_{nn} \end{pmatrix} \tag{3.173}$$

なので，これと行列 A の要素を比較して以下の関係式を得る．

$$u_{11} = a_{11} \tag{3.174}$$

$$u_{12} = a_{12} \tag{3.175}$$

$$\vdots$$

$$u_{1n} = a_{1n} \tag{3.176}$$

$$l_{21}u_{11} = a_{21} \tag{3.177}$$
$$l_{21}u_{12} + u_{22} = a_{22} \tag{3.178}$$
$$\vdots$$
$$l_{21}u_{1n} + u_{2n} = a_{2n} \tag{3.179}$$
$$\vdots$$
$$l_{n1}u_{11} = a_{n1} \tag{3.180}$$
$$l_{n1}u_{12} + l_{n2}u_{22} = a_{n2} \tag{3.181}$$
$$\vdots$$
$$l_{n1}u_{1n} + l_{n2}u_{2n} + \ldots + u_{nn} = a_{nn} \tag{3.182}$$

これらを順番に解き,

$$u_{11} = a_{11} \tag{3.183}$$
$$u_{12} = a_{12} \tag{3.184}$$
$$\vdots$$
$$u_{1n} = a_{1n} \tag{3.185}$$
$$l_{21} = \frac{a_{21}}{u_{11}} \tag{3.186}$$
$$\vdots$$
$$l_{n1} = \frac{a_{n1}}{u_{11}} \tag{3.187}$$
$$u_{22} = a_{22} - l_{21}u_{12} \tag{3.188}$$
$$\vdots$$
$$u_{2n} = a_{2n} - l_{21}u_{12} \tag{3.189}$$
$$\vdots$$
$$l_{32} = \frac{a_{32} - l_{31}u_{12}}{u_{22}} \tag{3.190}$$
$$\vdots$$

$$l_{n2} = \frac{a_{n2} - l_{n1}u_{12}}{u_{22}} \tag{3.191}$$

$$\vdots$$

$$u_{nn} = a_{nn} - l_{n1}u_{1n} - \ldots - l_{nn-1}u_{nn-1} \tag{3.192}$$

となり，L, U の要素を得る．

ランクが r の $N \times M$ の行列 G を考える．

$$A = \begin{pmatrix} g_{11} & \cdot & \cdot & g_{1M} \\ \cdot & \cdot & \cdot & \cdot \\ g_{N1} & \cdot & \cdot & g_{NM} \end{pmatrix} \tag{3.193}$$

これを LU 分解すると，$N \times N$ の行列 L と $N \times M$ 行列の U の積に分解できる．

$$G = LU \tag{3.194}$$

この U は，$r \times M$ の上三角行列 U_0 と $N - r \times M$ の 0 行列から成り立っている．

$$U = \begin{pmatrix} U_0 \\ 0 \end{pmatrix} = \begin{pmatrix} u_{11} & u_{12} & \cdot & u_{1M} \\ 0 & u_{22} & \cdot & \cdot \\ \cdot & \cdot & \cdot & \cdot \\ 0 & 0 & \cdot & u_{rM} \\ 0 & 0 & \cdot & 0 \\ \cdot & \cdot & \cdot & \cdot \\ 0 & 0 & \cdot & 0 \end{pmatrix} \tag{3.195}$$

L についても $N \times r$ の L_0 行列と $N \times (N - r)$ の L' 行列に分けて，

$$L = (L_0, L') \tag{3.196}$$

$$= \left(\begin{pmatrix} l_{11} & l_{12} & \cdot & l_{1r} \\ \cdot & \cdot & \cdot & \cdot \\ l_{N1} & l_{N2} & \cdot & l_{Mr} \end{pmatrix} \begin{pmatrix} l_{1,r+1} & l_{1,r+2} & \cdot & l_{1,M} \\ \cdot & \cdot & \cdot & \cdot \\ l_{N,r+1} & l_{N,r+2} & \cdot & l_{N,M} \end{pmatrix} \right) \tag{3.197}$$

となり，この定義の部分行列を用いて，

$$G^+ = U_0(U_0U_0^t)^{-1}(L_0^tL_0)^{-1}L^t \tag{3.198}$$

$$= U_0^t(L_0^tGU_0^t)^{-1}L^t \tag{3.199}$$

としてムーアペンローズ一般逆行列が求められる．

例題

次の正方行列を LU 分解せよ．

$$\begin{pmatrix} 1 & 1 & 2 \\ 1 & 6 & 3 \\ 2 & 2 & 7 \end{pmatrix}$$

解答例

ここでは解答のみを紹介するに止める．

$$L = \begin{pmatrix} 1 & 0 & 0 \\ 1 & 1 & 0 \\ 2 & 0 & 1 \end{pmatrix} \tag{3.200}$$

$$U = \begin{pmatrix} 1 & 1 & 2 \\ 0 & 5 & 1 \\ 0 & 0 & 3 \end{pmatrix} \tag{3.201}$$

例題

$$G = \begin{pmatrix} 1 & 2 \\ -2 & -4 \end{pmatrix}$$

のムーアペンローズ一般逆行列を求めよ．

解答例

まず，LU 分解を行う．

$$L_0 = \begin{pmatrix} 1 & 0 \\ l_{21} & 1 \end{pmatrix} \tag{3.202}$$

$$U_0 = \begin{pmatrix} u_{11} & u_{12} \\ 0 & u_{22} \end{pmatrix} \tag{3.203}$$

したがって，次式が成立する必要がある．

$$L_0U_0 = \begin{pmatrix} 1 & 0 \\ l_{21} & 1 \end{pmatrix}\begin{pmatrix} u_{11} & u_{12} \\ 0 & u_{22} \end{pmatrix} \tag{3.204}$$

$$= \begin{pmatrix} u_{11} & u_{12} \\ l_{21}u_{11} & l_{21}u_{12} + u_{22} \end{pmatrix} \tag{3.205}$$

$$= G \tag{3.206}$$

これから次の関係式が導出できる．

$$u_{11} = 1 \tag{3.207}$$

$$u_{12} = 2 \tag{3.208}$$

$$l_{21}u_{11} = -2 \tag{3.209}$$

$$l_{21}u_{12} + u_{22} = -4 \tag{3.210}$$

これを連立して解くと，

$$u_{11} = 1 \tag{3.211}$$

$$u_{12} = 2 \tag{3.212}$$

$$l_{21} = -2/u_{11} = -2 \tag{3.213}$$

$$u_{22} = -4 - l_{21}u_{12} = -4 - (-2) \times 2 = 0 \tag{3.214}$$

となり，したがって，

$$L_0 = \begin{pmatrix} 1 & 0 \\ -2 & 1 \end{pmatrix} \tag{3.215}$$

$$U_0 = \begin{pmatrix} 1 & 2 \\ 0 & 0 \end{pmatrix} \tag{3.216}$$

となる．U_0 において 0 でない行だけからなる行列で U を構成すると，

$$U = (1 \quad 2) \tag{3.217}$$

となり，これに対応する L は，

$$L = \begin{pmatrix} 1 \\ -2 \end{pmatrix} \tag{3.218}$$

となる．これらから，

$$L^tGU^t = (1 \quad -2)\begin{pmatrix} 1 & 2 \\ -2 & -4 \end{pmatrix}\begin{pmatrix} 1 \\ 2 \end{pmatrix} \tag{3.219}$$

$$= (5 \quad 10)\begin{pmatrix} 1 \\ 2 \end{pmatrix} = (25) \tag{3.220}$$

となり，さらに，

$$(L^tGU^t)^{-1} = 1/25 \tag{3.221}$$

であるので，

$$G^+ = U^t(L^tGU^t)^{-1}L^t \tag{3.222}$$

$$= \begin{pmatrix} 1 \\ 2 \end{pmatrix}\frac{1}{25}(1 \quad -2) \tag{3.223}$$

$$= \frac{1}{25}\begin{pmatrix} 1 & -2 \\ 2 & -4 \end{pmatrix} \tag{3.224}$$

となってムーアペンローズ一般逆行列が求められる．

例題

次の行列 G の一般逆行列 G^+ を LU 分解によって求めよ．

$$G = \begin{pmatrix} 2 & 1 & 0 \\ 2 & 4 & 2 \\ 0 & 3 & 2 \end{pmatrix} \tag{3.225}$$

解答例

$$L_0 = \begin{pmatrix} 1 & 0 & 0 \\ l_{21} & 1 & 0 \\ l_{31} & l_{32} & 1 \end{pmatrix} \tag{3.226}$$

$$U_0 = \begin{pmatrix} u_{11} & u_{12} & u_{13} \\ 0 & u_{22} & u_{23} \\ 0 & 0 & u_{33} \end{pmatrix} \tag{3.227}$$

$$L_0 U_0 = \begin{pmatrix} 1 & 0 & 0 \\ l_{21} & 1 & 0 \\ l_{31} & l_{32} & 1 \end{pmatrix} \begin{pmatrix} u_{11} & u_{12} & u_{13} \\ 0 & u_{22} & u_{23} \\ 0 & 0 & u_{33} \end{pmatrix} \tag{3.228}$$

$$= \begin{pmatrix} u_{11} & u_{12} & u_{13} \\ l_{21}u_{11} & l_{21}u_{12} + u_{22} & l_{21}u_{13} + u_{23} \\ l_{31}u_{11} & l_{31}u_{12} + l_{32}u_{22} & l_{31}u_{13} + l_{32}u_{23} + u_{33} \end{pmatrix} = G \tag{3.229}$$

$$u_{11} = 2 \tag{3.230}$$
$$u_{12} = 1 \tag{3.231}$$
$$u_{13} = 0 \tag{3.232}$$
$$l_{21}u_{11} = 2 \tag{3.233}$$
$$l_{21}u_{12} + u_{22} = 4 \tag{3.234}$$
$$l_{21}u_{13} + u_{23} = 2 \tag{3.235}$$
$$l_{31}u_{11} = 0 \tag{3.236}$$
$$l_{31}u_{12} + l_{32}u_{22} = 3 \tag{3.237}$$
$$l_{31}u_{13} + l_{32}u_{23} + u_{33} = 2 \tag{3.238}$$

$$u_{11} = 2 \tag{3.239}$$
$$u_{12} = 1 \tag{3.240}$$
$$u_{13} = 0 \tag{3.241}$$
$$l_{21} = \frac{2}{u_{11}} = 1 \tag{3.242}$$
$$u_{22} = 4 - l_{21}u_{12} = 3 \tag{3.243}$$
$$u_{23} = 2 - l_{21}u_{13} = 2 \tag{3.244}$$
$$l_{31} = \frac{0}{u_{11}} = 0 \tag{3.245}$$
$$l_{32} = \frac{3 - l_{31}u_{12}}{u_{22}} = 1 \tag{3.246}$$
$$u_{33} = 2 - l_{31}u_{13} - l_{32}u_{23} = 0 \tag{3.247}$$

$$L_0 = \begin{pmatrix} 1 & 0 & 0 \\ 1 & 1 & 0 \\ 0 & 1 & 1 \end{pmatrix} \tag{3.248}$$

$$U_0 = \begin{pmatrix} 2 & 1 & 0 \\ 0 & 3 & 2 \\ 0 & 0 & 0 \end{pmatrix} \tag{3.249}$$

$$U = \begin{pmatrix} 2 & 1 & 0 \\ 0 & 3 & 2 \end{pmatrix} \tag{3.250}$$

$$L = \begin{pmatrix} 1 & 0 \\ 1 & 1 \\ 0 & 1 \end{pmatrix} \tag{3.251}$$

$$L^t G U^t = \begin{pmatrix} 1 & 1 & 0 \\ 0 & 1 & 1 \end{pmatrix} \begin{pmatrix} 2 & 1 & 0 \\ 2 & 4 & 2 \\ 0 & 3 & 2 \end{pmatrix} \begin{pmatrix} 2 & 0 \\ 1 & 3 \\ 0 & 2 \end{pmatrix} \tag{3.252}$$

$$= \begin{pmatrix} 4 & 5 & 2 \\ 2 & 7 & 4 \end{pmatrix} \begin{pmatrix} 2 & 0 \\ 1 & 3 \\ 0 & 2 \end{pmatrix} \tag{3.253}$$

$$= \begin{pmatrix} 13 & 19 \\ 11 & 29 \end{pmatrix} \tag{3.254}$$

$$(L^t G U^t)^{-1} = \frac{1}{168} \begin{pmatrix} 29 & -19 \\ -11 & 13 \end{pmatrix} \tag{3.255}$$

$$G^+ = U^t (L^t G U^t)^{-1} L^t \tag{3.256}$$

$$= \begin{pmatrix} 2 & 0 \\ 1 & 3 \\ 0 & 2 \end{pmatrix} \frac{1}{168} \begin{pmatrix} 29 & -19 \\ -11 & 13 \end{pmatrix} \begin{pmatrix} 1 & 1 & 0 \\ 0 & 1 & 1 \end{pmatrix} \tag{3.257}$$

$$= \frac{1}{168} \begin{pmatrix} 58 & -38 \\ -4 & 20 \\ -22 & 26 \end{pmatrix} \begin{pmatrix} 1 & 1 & 0 \\ 0 & 1 & 1 \end{pmatrix} \tag{3.258}$$

$$= \frac{1}{168} \begin{pmatrix} 58 & 20 & -38 \\ -4 & 16 & 20 \\ -22 & 4 & 26 \end{pmatrix} \tag{3.259}$$

3.2.9　特異値分解

特異値および特異ベクトル

G を $M \times N$ 行列とする．$M \geq N$ であるとし，G の直積分解を考える．G^tG, GG^t は N 次の対称行列である．両対称行列の固有値，固有ベクトルを調べる．λ を G^tG の 0 でない固有値として v をその固有ベクトルとすると，

$$G^tGv = \lambda v \tag{3.260}$$

となる．両辺の左から G を掛けると，

$$GG^tGv = \lambda Gv \tag{3.261}$$

となり，$u = Gv$ とおくと，

$$GG^tu = \lambda u \tag{3.262}$$

となって λ は GG^t の固有値でもあることがわかる．また，固有値 λ に対する G^tG および GG^t に対応するそれぞれの正規化固有ベクトルの間には，

$$u = \frac{1}{\sqrt{\lambda}}Gv \tag{3.263}$$

$$v = \frac{1}{\sqrt{\lambda}}G^tv \tag{3.264}$$

の関係がある．これは，

$$u^tu = \frac{1}{\sqrt{\lambda}}v^tG^tGv = v^tv = 1 \tag{3.265}$$

となることから理解できる．

行列 G のランクを r とすると，G^tG, GG^t はともにランク r の非負定値対称行列となる．これらは，共通の r 個の正の固有値 $\lambda_i, i = 1, \ldots, r$ を持つ．0 でない固有値の正の平方根，

$$\mu_i = \sqrt{\lambda_i} \tag{3.266}$$

を特異値と呼び，これに対応する固有ベクトル $u_1, \ldots, u_r$ および $v_1, \ldots, v_r$ を特異ベクトルと呼ぶ．また，任意の行列 A に特異ベクトル U, V によって，$A = U\Lambda V^t$ とすることを特異値分解と呼んでいる．ここで Λ は 0 でない特異値が対角要素になる対角行列である．

特異値分解によってムーアペンローズ一般逆行列を求める．G の特異値分解は，

$$G = U\Lambda V^t \tag{3.267}$$

である．ここで，

$$U = (u_1, \ldots, u_N) \tag{3.268}$$

$$V = (v_1, \ldots, v_M) \tag{3.269}$$

で定義されるところの，それぞれ，d および m の固有ベクトルからなる $N \times N$ および $M \times M$ 行列である．これらは互いに直交し，単位長さに選ぶことができる．すなわち，正規直交行列である．

$$UU^t = U^tU = I \tag{3.270}$$

$$VV^t = V^tV = I \tag{3.271}$$

また，Λ は，

$$\Lambda = \begin{pmatrix} \lambda_1 & 0 & \cdot & \cdot \\ 0 & \lambda_2 & 0 & . \\ . & . & . & . \\ 0 & . & \lambda_r & 0 \\ 0 & \cdot & \cdot & 0 \end{pmatrix} \tag{3.272}$$

となる，$N \times M$ の対角固有値行列であり，対角要素は特異値（固有値）である．

$$G = \sum_{i=1}^{r} \lambda_i v_i u_i^t \tag{3.273}$$

と G の特異値分解が表されるならば，G のムーアペンローズ一般逆行列 G^+ は，

$$G^+ = \sum_{i=1}^{r} \lambda_i^{-1} u_i v_i^t \tag{3.274}$$

と特異値分解できる．すなわち，d および m の固有ベクトルからなる正規直交行列，G の固有値行列を固有値問題を解くことによって求め，上式に代入してムーアペンローズ一般逆行列を求めることができる．さて，このようにして求めたムーアペンローズ一般逆行列が 4 条件を満たしていることを確認する．

$$GG^+G = (U\Lambda V^t)(V\Lambda^{-1}U^t)(U\Lambda V^t) = U\Lambda V^t = G \tag{3.275}$$

$$G^+GG^+ = (V\Lambda^{-1}U)(U\Lambda V^t)(V\Lambda U^t) = V\Lambda U^t = G^+ \tag{3.276}$$

$$(G^+G)^t = ((V\Lambda^{-1}U^t)(U\Lambda V^t))^t = (VV^t)^t = VV^t = G^+G \tag{3.277}$$

$$(GG^+)^t = ((U\Lambda V^t)(V\Lambda^{-1}U^t))^t = (UU^t)^t = UU^t = GG^+ \tag{3.278}$$

となるので特異値分解して得られた G^tG, GG^t の特異値，特異ベクトルから求めた G^+ は，たしかにムーアペンローズ一般逆行列であることがわかる．たとえば，

$$GG^t = \begin{pmatrix} 2 & 2 \\ 1 & 1 \end{pmatrix}\begin{pmatrix} 2 & 1 \\ 2 & 1 \end{pmatrix} = \begin{pmatrix} 8 & 4 \\ 4 & 2 \end{pmatrix} \tag{3.279}$$

の場合，固有値は $\lambda = 10, 0$ となり，特異値は $\mu = \sqrt{\lambda} = \sqrt{10}$ となる．固有値 $\lambda = 10$ に対する固有ベクトルは，

$$u = \begin{pmatrix} 2/\sqrt{5} \\ 1/\sqrt{5} \end{pmatrix}$$

である．また，G^tG は，

$$G^tG = \begin{pmatrix} 2 & 1 \\ 2 & 1 \end{pmatrix}\begin{pmatrix} 2 & 2 \\ 1 & 1 \end{pmatrix} = \begin{pmatrix} 5 & 5 \\ 5 & 5 \end{pmatrix} \tag{3.280}$$

であるのでその固有値は GG^t の場合と同じく $\lambda = 10, 0$ であり，$\lambda = 10$ に対する正規化固有ベクトルは，

$$v = \begin{pmatrix} 1/\sqrt{2} \\ 1/\sqrt{2} \end{pmatrix}$$

となる．したがって，G の特異値分解は，

$$G = \mu u v^t = \sqrt{10}\begin{pmatrix} 2/\sqrt{5} \\ 1/\sqrt{5} \end{pmatrix}\begin{pmatrix} 1/\sqrt{2} & 1/\sqrt{2} \end{pmatrix} \tag{3.281}$$

となる．これからムーアペンローズ一般逆行列は，

$$G^+ = \frac{1}{\mu} v u^t = \frac{1}{\sqrt{10}}\begin{pmatrix} 1/\sqrt{2} \\ 1/\sqrt{2} \end{pmatrix}\begin{pmatrix} 2/\sqrt{5} & 1/\sqrt{5} \end{pmatrix} = \frac{1}{\sqrt{10}}\begin{pmatrix} 2 & 1 \\ 2 & 1 \end{pmatrix} \tag{3.282}$$

と求められる．

$M > r = N$ の場合，

$$G^+ = (G^t G)^{-1} G^t \tag{3.283}$$

となり，$N > r = M$ の場合は，

$$G^+ = G^t (G G^t)^{-1} \tag{3.284}$$

となる．この固有値に極めて小さい値のもの（特異値）が含まれていると，解は不安定となる．この場合，ある値以上のものに限定して解を求めることにより，不安定性を緩和することができる．この解の安定性を決めているのは，真に固有値が大きく，かつ，最大固有値と最小固有値の差が大きくないことである．

劣決定問題は与えられるデータ数が未知数を上回っているのでデータのある部分空間とデータのない部分空間（ヌル空間）により表現できる．

$$G(m_r + m_0) = (d_p + d_0) \tag{3.285}$$

特異値分解とは固有値分解の 1 種であり，これをデータ核に適用することにより，データのある部分空間とヌル空間を識別することができる．

$$G = U \Lambda V^t \tag{3.286}$$

ここで，U はデータ空間を張る固有ベクトルからなる単位直交行列であり，V はモデルパラメータ空間を張る固有ベクトルからなる単位直交行列である．また，Λ は対角固有値行列である．

$$U = (u_1, u_2, \ldots, u_n) \tag{3.287}$$

$$V = (v_1, v_2, \ldots, v_m) \tag{3.288}$$

$$UU^t = U^t U = I \tag{3.289}$$

$$VV^t = V^t V = I \tag{3.290}$$

$$\Lambda = \begin{pmatrix} \lambda_1 & 0 & 0 & \cdots & 0 \\ 0 & \lambda_2 & 0 & \cdot & 0 \\ \cdots & \cdots & \cdots & \cdots & \cdots \\ 0 & \cdots & \cdots & 0 & \lambda_r \\ 0 & \cdots & \cdots & \cdots & 0 \\ \cdots & \cdots & \cdots & \cdots & \cdots \end{pmatrix} \tag{3.291}$$

これらは以下のようにして求めることができる．まず，正方対称行列を作る．

$$S = \begin{pmatrix} 0 & G \\ G^t & 0 \end{pmatrix} \tag{3.292}$$

これは $n+m$ の実固有値 λ_i を持ち，$Sw_i = \lambda_i w_i$ の解である固有ベクトル w_i を持つ．ここで，

$$w_i = \begin{pmatrix} u_i \\ v_i \end{pmatrix} \tag{3.293}$$

$$Sw = \begin{pmatrix} 0 & G \\ G^t & 0 \end{pmatrix} \begin{pmatrix} u_i \\ v_i \end{pmatrix} = \lambda_i \begin{pmatrix} u_i \\ v_i \end{pmatrix} \tag{3.294}$$

である．また，ここで，以下の式が成り立つ．

$$Gv_i = \lambda_i u_i \tag{3.295}$$

$$G^t u_i = \lambda_i v_i \tag{3.296}$$

$$G^t G v_i = \lambda_i^2 v_i \tag{3.297}$$

$$GG^t u_i = \lambda_i^2 u_i \tag{3.298}$$

第 1 式を行列形式で書くと,

$$GV = U\Lambda \tag{3.299}$$
$$G = U\Lambda V^t \tag{3.300}$$

となり，特異値分解が得られる．特異値分解を用いるとムーアペンローズ一般逆行列は,

$$G^+ = V\Lambda^{-1}U^t \tag{3.301}$$

として求められる．一般逆行列であるための必要十分条件は,

$$Gm = d \tag{3.302}$$
$$m = G^-d \tag{3.303}$$

である．任意の d に対して第 2 式が成立するような G^{-g} であり，これには $GG^-G = G$ が必要十分条件になる．これを特異値分解に当てはめると,

$$U\Lambda V^t G^- U\Lambda V^t = U\Lambda V^t \tag{3.304}$$
$$\Lambda(V^t G^- U)\Lambda = \Lambda \tag{3.305}$$

となる．すると,

$$G^{-g} = V\Lambda^{-1}U^t \tag{3.306}$$

であれば，必要十分条件を満足するのでこれが一般逆行列であることがわかる．また，ムーアペンローズ一般逆行列は最小二乗やノルム最小一般逆行列と異なり，一意に決定できる．すなわち，X, Y を任意のムーアペンローズ一般逆行列とすると,

$$\begin{aligned} X &= XGX = (XG)^tX = G^tX^tX = (GYG)^tX^tX \\ &= G^tY^tG^tX^tX = G^tY^t(XG)^tX \\ &= G^tY^tXGX = G^tY^tX = (YG)^tX = YGX \\ &= YGYGX = Y(GY)^t(GX)^t = YY^tG^tX^tG^t \\ &= YY^t(GXG)^t = YY^tG^t = Y(GY)^t = YGY = Y \end{aligned} \tag{3.307}$$

となり，ムーアペンローズ一般逆行列は唯一のものしか存在しないことになる．そのため，一意に存在する．

逆問題の解の精度が G の決定方法に深く関わっている．データとモデルパラメータ間の関係を表す G を決める時，連続データを離散化する際の誤差や計算誤差等に起因して極めて小さな G の要素が存在する場合がある．このような G から固有値 λ_i を求め，その値が非常に小さいものを何らかの事前情報（先験知識，拘束条件）により 0 とおいてランクを下げて，

$$\|G_r m - d\|^2 \to \min. \tag{3.308}$$

として解を求めることができる．ランクを下げたことにより解が不安定になるので $\|m\| \to \min.$ の条件を付加して解く．この解は，

$$m = G_r^+ d \tag{3.309}$$

$$G_r^+ = V\Lambda^{-1}U^t \tag{3.310}$$

$$\Lambda^{-1} = \begin{pmatrix} 1/\lambda_1 & 0 & \cdots & \cdots & 0 \\ 0 & 1/\lambda_2 & 0 & \cdots & 0 \\ \vdots & \cdots & \cdots & \cdots & \vdots \\ \vdots & 0 & 1/\lambda_r & 0 & \vdots \\ 0 & \cdots & \cdots & 0 & 0 \\ 0 & \cdots & \cdots & \cdots & 0 \end{pmatrix} \tag{3.311}$$

となる．この G_r^+ はムーアペンローズ一般逆行列であり，特異値分解により求められることが示された．このモデルよびデータ解像度（後述）は，

$$R = G_r^+ G = V\Lambda^+ U^t U\Lambda V^t = VV^t \tag{3.312}$$

$$N = GG_r^+ = U\Lambda V^t V\Lambda^{-1}U^t = UU^t \tag{3.313}$$

となる．また，モデルパラメータの共分散行列（解の吟味において記述）はデータが無相関で等しい σ_d^2 を持つ時，

$$[\mathrm{cov}.m^{est}] = G^{-g}[\mathrm{cov}.d]G^{-gt} \tag{3.314}$$

$$= \sigma_d^2 V\Lambda^{-1}U^t(V\Lambda^{-1}U^t)^t \tag{3.315}$$

$$= \sigma_d^2 V\Lambda^{-2}U^t \tag{3.316}$$

となる．

3.2.10　一般逆行列の求め方

$m \times n$ の行列 A のムーアペンローズ一般逆行列 A^+ は，$\mathrm{rank}\, A = M$ である場合，

$$A = \sum_{i=1}^{M} \kappa_i w_i v_i^t \quad \left(\kappa_1 \geq \kappa_2 \geq \cdots \geq \kappa_M > 0\right) \tag{3.317}$$

と特異値分解され，

$$A^+ = \sum_{i=1}^{M} \kappa_i^{-1} v_i w_i^t \tag{3.318}$$

となる．ただし，w_i は m 次元縦ベクトルであり，v_i は n 次元縦ベクトルである．なお，ベクトル w_i およびベクトル v_i のベクトルの大きさは，ともに 1 である．

特別な場合として，$\mathrm{rank}\, A = m$ である場合，

$$A^+ = A^t\left(AA^t\right)^{-1} \tag{3.319}$$

となり，$\mathrm{rank}\, A = n$ である場合，

$$A^+ = \left(A^t A\right)^{-1} A^t \tag{3.320}$$

となる．

3.2.11　特異値分解の求め方

m 次元縦ベクトル w_i は，m 次対称行列 AA^t の固有ベクトルであり，n 次元縦ベクトル v_i は，n 次対称行列 $A^t A$ の固有ベクトルである．

$\mathrm{rank}\, A = M$ である場合，m 次対称行列 AA^t の固有値 λ_i および n 次対称行列 $A^t A$ の固有値 σ_i は，$\lambda_1 \geq \lambda_2 \geq \cdots \geq \lambda_M > 0$ および $\sigma_1 \geq \sigma_2 \geq \cdots \geq \sigma_M > 0$

とすると，$\lambda_i = \sigma_i$ である．さらに，$\lambda_1 \geq \lambda_2 \geq \cdots \geq \lambda_M > 0$ および $\kappa_1 \geq \kappa_2 \geq \cdots \geq \kappa_M > 0$ とすると，$\kappa_i = \sqrt{\lambda_i} = \sqrt{\sigma_i}$ である．

重要なことは，$\kappa_1 \geq \kappa_2 \geq \cdots \geq \kappa_M > 0$ であるということである．すなわち，特異値は正である．言い換えると，行列

$$\sum_{i=1}^{M} \kappa_i w_i v_i^t \tag{3.321}$$

が行列 A と一致するように，m 次元縦ベクトル w_i および n 次元縦ベクトル v_i を決定する必要がある．

3.2.12　特異値分解の応用

固有値展開では，本来，2 次元配列の濃度分布の画像をベクトルで展開するので 2 次元性が失われてしまう．その点，この特異値分解では画像を 2 次元のまま扱うのでそれが失われることはない．$M \times M$ 画像の行列 F を対角行列 D に変換する直交行列を求める．

$$U^t F V = D \tag{3.322}$$

ここで，F は実対称行列ではないことに注意を要する．これら 2 つの直交行列 U, V は以下のようにして求められる．

$$V^t V = U^t U = I \tag{3.323}$$

$$(U^t F V)^t = V^t F^t U \tag{3.324}$$

であるので，

$$F F^t U = U D^2 \tag{3.325}$$

$$F^T F V = V D^2 \tag{3.326}$$

となる．F は対称行列ではないが，FF^t, F^tF は実対称行列となる．そのため，対角化が可能となる．D^2 は固有値，$\lambda_j, j = 1, 2, 3, \ldots, r$ を対角要素とし

て持つ行列なので，

$$FF^t u_j = \lambda_j^2 u_j \tag{3.327}$$

$$F^t F v_j = \lambda_j^2 v_j \tag{3.328}$$

$$F = UDV^t = \sum_{j=1}^{r} \lambda_j u_j v_j^t = \sum_{j=1}^{r} \lambda_j B_j \tag{3.329}$$

ここで，u_j, v_j は U および V の要素である．λ_j は FF^t か，または，F^tF の固有値が負ではない平方根であり，特異値と呼ばれている．F を UDV^t の様に分解（展開）することを特異値分解と呼んでいる．また，この式の B_j は画像の基本的な性質を表す行列と考えられ，これを基本行列と呼んでいる．固有値 λ_j で重み付けした基本行列の線形和が画像そのものになっている．この特異値分解は，画像を2次元のまま扱う点で前出の KL 展開と異なるが，基本的には固有値展開と同じであり，情報圧縮や画像認識のための特徴抽出として用いられている．

M 行，N 列の行列 F に対して次の関係を満足する N 行，M 列の行列 F^+ を式2.294に定義したムーアペンローズ一般逆行列という．

$$FF^+F = F \tag{3.330}$$

$$F^+FF^+ = F^+ \tag{3.331}$$

$$(FF^+)^t = FF^+ \tag{3.332}$$

$$F^+F)^t = F^+F \tag{3.333}$$

F に対してこのような F^+ は一意に求められる．これを F の特異値分解，

$$F = UDV^t \tag{3.334}$$

が得られているものとすると，

$$F^+ = VD^{-1}U^t \tag{3.335}$$

で与えられる．ここで，U は M 行 N 列，D,V は N 行 N 列行列であり，

$$U^tU = V^tV = VV^t = I_n \tag{3.336}$$

$$D = \begin{pmatrix} \lambda_1 & 0 & ... & 0 \\ 0 & \lambda_2 & 0 & 0 \\ . & . & ... & . \\ 0 & . & ... & \lambda_n \end{pmatrix} \tag{3.337}$$

$$= \mathrm{diag}\,(\lambda_1, \lambda_2, \ldots, \lambda_n) \quad \lambda_1 \geq \lambda_2 \geq \cdots \geq \lambda_n \geq 0 \tag{3.338}$$

であり，$\lambda_i, i = 1, 2, \ldots, n$ は，F の特異値（F^tF の固有値の正平方根）である．また，

$$D^{-1} = \mathrm{diag}\,(\lambda_1^{-1}, \lambda_2^{-1}, \ldots, \lambda_n^{-1}) \tag{3.339}$$

$$\begin{aligned} \lambda_i^{-1} &= 1/\lambda_i & \lambda_i \geq 0 \\ &= 0 & \lambda_i = 0 \end{aligned} \tag{3.340}$$

である．

例題

次の F の特異値分解を求めよ．

$$F = \begin{pmatrix} -2 & 1 & 1 \\ 1 & -2 & 1 \\ 1 & 1 & -2 \\ -2 & 1 & 1 \end{pmatrix} \tag{3.341}$$

解答例

固有値 λ は，

$$\lambda_1 = 15,\ \lambda_2 = 9 \tag{3.342}$$

であり，特異値 μ は，

$$\mu_1 = 3.875,\ \mu_2 = 3 \tag{3.343}$$

となる．したがって，μ^{-1} は，

$$\mu_1^{-1} = 0.2582,\ \mu_2^{-1} = 0.3333 \tag{3.344}$$

となる．また，直交行列 U は，

$$U = \begin{pmatrix} -0.632 & 0 \\ 0.3162 & 0.7071 \\ 0.3162 & -0.707 \\ -0.632 & 0 \end{pmatrix} \tag{3.345}$$

であり，直交行列 V は，

$$V = \begin{pmatrix} 0.8165 & -0.408 & -0.408 \\ 0 & -0.707 & 0.7071 \end{pmatrix} \tag{3.346}$$

である．また，$U\mu$ は，

$$U\mu = \begin{pmatrix} -2.449 & 0 \\ 1.2247 & 2.1213 \\ 1.2247 & -2.121 \\ -2.449 & 0 \end{pmatrix} \tag{3.347}$$

と表せる．これにより，特異値分解ができると同時にムーアペンローズ一般逆行列が求められる．検証を行うと，$F = (U\mu)V$ は，

$$F = (U\mu)V = \begin{pmatrix} -2 & 1 & 1 \\ 1 & -2 & 1 \\ 1 & 1 & -2 \\ -2 & 1 & 1 \end{pmatrix} \tag{3.348}$$

となるので元の F に戻ることがわかり，特異値分解は成立していることがわかる．

例題

次の行列の一般逆行列を特異値分解により求めよ．

$$G = \begin{pmatrix} 1 & 1 & -1 \\ -1 & -1 & 1 \end{pmatrix} \tag{3.349}$$

解答例

$$GG^t = \begin{pmatrix} 3 & -3 \\ -3 & 3 \end{pmatrix} \tag{3.350}$$

の正方行列の固有値は 6,0 である．したがって，

$$\lambda_1 = \sqrt{6} \tag{3.351}$$

となり，これに対応する直交行列は，

$$v_1 = \begin{pmatrix} 1/\sqrt{2} \\ -1/\sqrt{2} \end{pmatrix} \tag{3.352}$$

$$v_2 = \begin{pmatrix} 1/\sqrt{2} \\ 1/\sqrt{2} \end{pmatrix} \tag{3.353}$$

となる．また，

$$G^tG = \begin{pmatrix} 2 & 2 & -2 \\ 2 & 2 & -2 \\ -2 & -2 & 2 \end{pmatrix} \tag{3.354}$$

の正方行列の固有値，6 に対する固有ベクトルは，

$$u_1 = \begin{pmatrix} 1/\sqrt{3} \\ 1/\sqrt{3} \\ -1/\sqrt{3} \end{pmatrix} \tag{3.355}$$

であり，0 の固有値に対する固有ベクトルは，

$$u_2 = \begin{pmatrix} 1/\sqrt{2} \\ 0 \\ 1/\sqrt{2} \end{pmatrix} \tag{3.356}$$

$$u_3 = \begin{pmatrix} 1/\sqrt{6} \\ -2/\sqrt{6} \\ -1/\sqrt{6} \end{pmatrix} \tag{3.357}$$

となる．したがって，直交行列は，

$$U = (u_1, u_2, u_3) \tag{3.358}$$

$$V = (v_1, v_2) \tag{3.359}$$

$$U^{-1}GV = \begin{pmatrix} \sqrt{6} & 0 & 0 \\ 0 & 0 & 0 \end{pmatrix} \tag{3.360}$$

となり，特異値分解が求められる．

例題

観測過程が，

$$g = Hf + n \tag{3.361}$$

で表される場合（線形システム）を考える．すなわち，g の出力は，f の入力が H の線形システムに入って，n のノイズが付加されたものと考えている．ここで，

$$E(f) = 0 \tag{3.362}$$

$$E(n) = 0 \tag{3.363}$$

$$(\mathrm{cov}.f) = E(ff^t) \tag{3.364}$$

$$(\mathrm{cov}.n) = E(nn^t) \tag{3.365}$$

である．すなわち，入力もノイズもその平均値は 0 であり，それらの共分散行列 $[\mathrm{cov}.f]$, $[\mathrm{cov}.n]$ は，それぞれ，ff^t, nn^t の期待値 $E()$ で表される．また，f, n は無相関である．行列 H が基底ベクトル $u_1, \ldots, u_M$ および $v_1, \ldots, v_N$ からなる直交ベクトル U および V を用いて，

$$H = U\Lambda V^t = U \begin{pmatrix} \begin{pmatrix} \lambda_1 & & & \\ & \lambda_2 & & \\ & & . & \\ & & & \lambda_R \end{pmatrix} & 0 \\ 0 & 0 \end{pmatrix} V^t \tag{3.366}$$

と特異値分解できるものとする．すると，観測過程は，

$$g = U\Lambda V^t f + n \tag{3.367}$$

となり，これに U を左から掛けて，

$$Ug = \Lambda V f + Un \tag{3.368}$$

となる．この結果，観測過程は，

$$g' = \Lambda f' + n' \tag{3.369}$$

となる．ここで，

$$g' = Ug \tag{3.370}$$
$$f' = Vf \tag{3.371}$$
$$n' = Un \tag{3.372}$$

である．これらは，g, f, n に直交行列を掛けたものであり，線形変換の 1 種である直交変換を適用した結果である．この時，f', n' の平均，共分散 $E(f')$, $E(n')$ および $E(f' f'^t)$, $E(n' n'^t)$ を求めよ．また，f の推定二乗誤差 (Cost Function)，

$$J = (g - H\hat{f})^t (g - H\hat{f}) \tag{3.373}$$

を最小にする推定式を導出せよ．

解答例

g は，

$$g(m, n) = \sum_{s=0}^{M-1} \sum_{t=0}^{N-1} h(m - s, n - t) f(s, t) \tag{3.374}$$
$$m = 0, 1, \ldots, M - 1, \tag{3.375}$$
$$n = 0, 1, \ldots, N - 1 \tag{3.376}$$

と考える．

$$g = Hf \tag{3.377}$$

の場合，

$$f = H^{-1}g \tag{3.378}$$

となるが，

$$g = Hf + Z \tag{3.379}$$

と雑音が混入していると考えると，

$$e = \| g - Hf \|^2 \tag{3.380}$$

を最小にするように，この f に関する偏微分を 0 とおき，

$$\frac{\partial e}{\partial f} = -2H^t(g - Hf) = 0 \tag{3.381}$$

となる．すなわち，

$$f = (H^tH)^{-1}H^tg = H^+g \tag{3.382}$$

となる．$|Hf' - g|^2 = \rho^2$ の条件の元に $J_2 = |Qf'|^2$ を最小にする復元作用素を求める．この場合，条件は推定自乗偏差をある値以下にすることを意味し，また，評価関数は推定原画像のパワースペクトルをなるべく小さくする，すなわち，画像は元々低周波成分の多い，濃度が滑らかに変化するものだとの前提に立脚している．ここでラグランジェの未定乗数法を導入し，

$$J_2 = |Qf'|^2 + \lambda(|Hf' - g|^2 - \rho^2) \tag{3.383}$$

$$= (Qf')^*(Qf') + \lambda((Hf' - g)^*(Hf' - g) - \rho^2) \tag{3.384}$$

となり，これを f' で偏微分し 0 とおくと，

$$\frac{\partial J_2}{\partial f'} = 2Q^*Qf' + 2\lambda H^*(Hf' - g) = 0 \tag{3.385}$$

$$f' = (H^*H + \lambda^{-1}Q^*Q)^+H^*g \tag{3.386}$$

$$K = (H^*H + \lambda^{-1}Q^*Q)^+H^* \tag{3.387}$$

となる．$Q = I$（単位行列）の場合，$H^*H + \lambda^{-1}Q^*Q$ は正則であることが知られているのでその逆行列は求められ，復元作用素を構成できる．

3.2.13　その他の解法

制約条件，先験情報を加えることによって解を求めるが，この時，それら与える制約条件や先験情報によって幾つかの方法が提案されている．その代表的なものをここに紹介する．

1. 解の単純さ

   この方法では解そのものは，本来，解の空間において急激に変化するものではなく，発散しないものであって，滑らかな解が最もよい解であると考えている．

   $$L = m^t m \tag{3.388}$$
   $$e = d - Gm \tag{3.389}$$

   とおいて，

   $$\phi(m) = L + \lambda E = m^t m + \lambda e^t e \tag{3.390}$$

   を最小にする解を求めるものである．L は求める解を二乗したものであるのでパワースペクトルとも考えることができ，これを最小化することは滑らかな解を見つけることに相当する．併せて，推定誤差の二乗を最小にする制約条件のもとでこれを解くことになる．

   $$m^{est} = G^t(GG^t)^{-1}d \tag{3.391}$$

   が求める解であり，前出のノルム最小型一般逆行列になる．

2. 混合問題

   これは，G のランクが未知数を下回っている場合である．この場合，前述のように，ランクに相当する部分 G^o とそれ以外の部分 G^u に分けて考える．これらに対応する解，m^o と m^u に分けて考える．

$$\begin{pmatrix} G^o & 0 \\ 0 & G^u \end{pmatrix}\begin{pmatrix} m^o \\ m^u \end{pmatrix} = \begin{pmatrix} d^o \\ d^u \end{pmatrix} \tag{3.392}$$

と定式化して解くことになる．

3. ダンプ付き最小二乗

解の不安定性を緩和する目的で解を押える（ダンプする）こともできる．ダンプ係数 ϵ^2 を導入し，

$$\phi(m) = \epsilon^2 L + E = \epsilon^2 m^t m + e^t e \tag{3.393}$$

$$m^{est} = (G^t G + \epsilon^2 I)^{-1} G^t d \tag{3.394}$$

のように解を導出する方法である．

4. ノルムの重み付き尺度

また，解の単純さを一般的に，

$$L = (m - \hat{m})^t (m - \hat{m}) \tag{3.395}$$

のように表し，また，解の滑らかさを，

$$I = \begin{pmatrix} -1 & 1 & 0 & \cdot & \cdot & \cdot \\ 0 & -1 & 1 & 0 & \cdot & \cdot \\ \cdot & \cdot & \cdot & \cdot & \cdot & \cdot \\ 0 & \cdot & \cdot & 0 & -1 & 1 \end{pmatrix}\begin{pmatrix} m_1 \\ \cdot \\ \cdot \\ m_M \end{pmatrix} = Dm \tag{3.396}$$

のように表して，

$$\begin{pmatrix} -m_1 + m_2 \\ \vdots \\ -m_{M-1} + m_M \end{pmatrix} \tag{3.397}$$

$$L = I^t I = (Dm)^t (Dm) = m^t D^t Dm = m^t W_m m \tag{3.398}$$

$$= (m - \hat{m})^t W_m (m - \hat{m}) \tag{3.399}$$

を最小にする m を求める方法である．これにより，単純で，かつ，滑らかな解が求められることになる．

5. 重み付き最小二乗
   同様にこの解の滑らかさを表現する重みを最小二乗法に適用することも可能である．

$$E = e^t W_m e \to \min. \tag{3.400}$$

$$m^{est} = (G^t W_e G)^{-1} G^t W_e d \tag{3.401}$$

   優決定問題の解法において滑らかな解を求める方法である．
6. 重み付き最小ノルム
   最小ノルム法にこの解の滑らかさを表す重みを導入すると，

$$m^{est} = \hat{m} + W_m^{-1} G^t (G W_m^{-1} G^t)^{-1} (d - G\hat{m}) \tag{3.402}$$

   のように解が求められる．
7. 重み付きダンプ付き最小二乗
   これは，重みにより解の滑らかさを保証し，かつ，ダンプにより安定な解を求める方法である．

$$m^{est} = \hat{m} + (G^t W_e G + \epsilon^2 W_m)^{-1} G^t W_e (d - G\hat{m}) \tag{3.403}$$

$$m^{est} = \hat{m} + W_m^{-1} G^t (G W_m^{-1} G^t + \epsilon^2 W_e^{-1})^{-1} (d - G\hat{m}) \tag{3.404}$$

8. ラグランジェ未定乗数法
   随所に使われたラグランジェ乗数法とは，変分法の一種である．解の空間として，仮に，2 次元平面におけるエネルギー E を考えると，その偏微分 dE は，

$$dE = \frac{\partial E}{\partial x} dx + \frac{\partial E}{\partial y} dy = 0 \tag{3.405}$$

   であり，これによって誤差の変化分を表す．次に制約条件を以下のように定義し，これは 2 次元平面内のどこでも 0 なので，

$$\phi(x, y) = 0 \tag{3.406}$$

$$d\phi = \frac{\partial \phi}{\partial x} dx + \frac{\partial \phi}{\partial y} dy = 0 \tag{3.407}$$

とする．この 2 つの重み付き線形結合,

$$dE + \lambda d\phi = \left(\frac{\partial E}{\partial x} + \lambda\frac{\partial \phi}{\partial x}\right)dx \tag{3.408}$$

$$+ \left(\frac{\partial E}{\partial y} + \lambda\frac{\partial \phi}{\partial y}\right)dy = 0 \tag{3.409}$$

を満足する解を求める．この時の λ がラグランジェ乗数である．この式の括弧内が 0 になるようにする．すると，これは制約条件なしの $E + \lambda\phi$ の最小化問題に帰着できることがわかる．

$$\left(\frac{\partial E}{\partial x} + \lambda\frac{\partial \phi}{\partial x}\right) = 0 \tag{3.410}$$

$$\left(\frac{\partial E}{\partial y} + \lambda\frac{\partial \phi}{\partial y}\right) = 0 \tag{3.411}$$

$$\phi(x, y) = 0 \tag{3.412}$$

M 個の未知数，N 個の与えられるデータ個数（有効な方程式の数）で $M > N$ の場合であっても，q 個の制約条件があれば，不足のデータ個数を補って解が求められるようになる．

$$\frac{\partial E}{\partial m_i} + \sum_{j=1}^{q}\lambda_j\frac{\partial \phi_j}{\partial m_i} = 0 \tag{3.413}$$

$$\phi_i(m) = 0 \tag{3.414}$$

このラグランジェ未定乗数法は等号条件付き極大，極小問題の解法の 1 種である．すなわち，拘束条件の下にある関数の極大，極小を求める方法の 1 つに条件付き変分法の一種であある．この方法では，拘束条件の効き方を重み係数（未定乗数）によって加減し，目的とする関数の極大，極小を求める方法である．

例題

$z = 2x + 2y$ の条件の下に $f = xy$ を最大にする x, y を求めよ．

解答例

この問題は，以下の関数を最大にする無条件極大，極小問題に帰することができる．

$$g = xy + \lambda(2x + 2y) \tag{3.415}$$

ここで λ をラグランジェの未定乗数と呼ぶ．

$$\frac{\partial g}{\partial x} = 0 \tag{3.416}$$
$$\frac{\partial g}{\partial y} = 0 \tag{3.417}$$
$$\frac{\partial g}{\partial \lambda} = 0 \tag{3.418}$$

の 3 つの式を連立して解くことにより，

$$x = y = \frac{z}{4} \tag{3.419}$$

を得る．これは，極値問題と呼ぶ最適化手法の基本的な手法である．すなわち，ある関数の極大，極小を求める問題を極値問題と呼ぶ．

一般的にはその関数の微分をとり，それを 0 とおいた式を解くことによって極大，極小値は得られる．極値問題解法の代表的なものを紹介する．

(1) 無条件極大，極小

与えられた関数の微分を 0 とおき，その式を解くことによって極大，極小値を得る．以下に例題を示す．

例題

$y(x) = x^2 - 2x + 3$ の最小値を求めよ（陽関数の場合）．

解答例

$$\frac{dy}{dx} = 2x - 2 = 0 \tag{3.420}$$

としてこれを解けば，最小値における x すなわち $x_{\mathrm{best}} = 1$ と求められ，その時の y の値，$y_{\min} = 2$ を得ることができる．2 次係数が正（下に凸）ならば極小，負ならば（上に凸）ならば極大を得る．

例題

$z(x, y) = (x - a)e^{-x} + (y - b)e^{-y}$ の極大値を求めよ（陰関数の場合）．

解答例

$$\frac{\partial z}{\partial x} = (1 - x + a)e^{-x} \tag{3.421}$$

$$\frac{\partial z}{\partial y} = (1 - y + b)e^{-y} \tag{3.422}$$

これらを 0 とおいて，

$$x = 1 + a \tag{3.423}$$

$$y = 1 + b \tag{3.424}$$

を得る．この場合，$z(x, x)z(x, y) - z(x, y)^2 > 0$ であって，$z(x, x) < 0$ ならば極大値，$z(x, x) > 0$ ならば極小値をとる．

(2) 不等号条件付き極大，極小（変数変換）

拘束条件が不等式で表されているような場合，不等式を変数変換によって何らかの等式に変換して解く方法である．

例題

$f(x) = (x+1)/x$ の極小値を $x \geq 0$ の条件下で求めよ．

解答例

$y^2 = x$ と変数変換すると，$f(y) = y^2 + 1/y^2$ の極小値を求める無条件極値問題に帰することができる．

$$\frac{df}{dy} = 2y - \frac{2}{y^3} \tag{3.425}$$

であるので，これを 0 とおいて，

$$y^4 = 1 \tag{3.426}$$

$$y = \pm 1 \tag{3.427}$$

$$x = 1 \tag{3.428}$$

を得る．この他，変数変換の例としては，

$$x \geq a \rightarrow x = y^2 + a \tag{3.429}$$

$$x \leq a \rightarrow x = a - y^2 \tag{3.430}$$

$$a \leq x \leq b \rightarrow x = \frac{a+b}{2} + \frac{(b-a)\sin y}{2} \tag{3.431}$$

(3) 多変数の極大，極小

$F = (f_1, \ldots, f_n)$ のように評価関数である多変数関数をベクトル変数を引数にしたスカラー関数として表記して，それを説明変数（媒介変数：ベクトル，$\boldsymbol{x}$）で偏微分（スカラー関数の勾配：gradient に相当する）をとって 0 とおき，その時の説明変数が求めるべき評価関数を最大，または，最小にするものである．

$$\frac{\partial F}{\partial \boldsymbol{x}} = \left(\frac{\partial F}{\partial x_1}, \ldots, \frac{\partial F}{\partial x_n}\right)^t = \mathrm{grad}\, F \tag{3.432}$$

3.3 解の吟味

得られた解の良否を吟味する方法を考える．

3.3.1 モデルパラメータの推定値の分散

解の良否を表す指標として，まず，解（モデルパラメータ）の共分散 Σ_m が考えられる．

$$m^{est} = Md + v \tag{3.433}$$

$$\Sigma_m = M(\Sigma_d)M^t \tag{3.434}$$

この場合，M は一般逆行列であり，これを d に左から掛けてモデルパラメータの推定値とするが，これには誤差が含まれていると考えるのが自然であるので v を加えている．m^{est} は，モデルパラメータの推定値である．この共分散は，データの共分散の一般逆行列に関する2次形式である．スカラー変量で考えれば，データの分散と一般逆行列の分散の積である．

3.3.2 最小二乗解の共分散

この共分散を最小二乗解について求めてみると，

$$m^{est} = (G^tG)^{-1}G^td \tag{3.435}$$

$$(\Sigma_{m^{est}}) = ((G^tG)^{-1}G^t)\Sigma_d^2 I((G^tG)^{-1}G^t)^t \tag{3.436}$$

$$= \Sigma_d^2(G^tG)^{-1} \tag{3.437}$$

となる．

3.3.3 最小ノルム解の共分散

また，最小ノルム解に対しては，

$$m^{est} = G^t(GG^t)^{-1}d \tag{3.438}$$

$$(\Sigma_{m^{est}}) = (G^t(GG^t)^{-1})\Sigma_d^2 I(G^t(GG^t)^{-1})^t \tag{3.439}$$

$$= \Sigma_d^2 G^t(GG^t)^{-2}G \tag{3.440}$$

となる．

3.3.4 最小二乗解の共分散と予測誤差

最小二乗解の共分散と予測誤差は，

$$\triangle E = E(m) - E(m^{est}) \tag{3.441}$$

$$= (m - m^{est})^t \left(\frac{\partial^2 E}{2\partial m^2}\right)(m - m^{est})\left(\frac{\partial^2 E}{2\partial m^2}\right) \tag{3.442}$$

$$= \left(\frac{\partial^2(d - Gm)}{2\partial m^2}\right) \tag{3.443}$$

$$= \frac{\partial(-G^t(d - Gm))}{\partial m} = G^tG \tag{3.444}$$

$$(\Sigma_m) = \Sigma_d(G^tG)^{-1} \tag{3.445}$$

$$= \Sigma_d^2\left(\frac{1}{2}\frac{\partial^2 E}{\partial m^2}\right)^{-1} \tag{3.446}$$

であり，結局，予測誤差は，平均，$(N - M)\sigma_d^2$, 分散，$2(N - M)\sigma_d^4$，自由度，$(N - M)$ の χ^2 分布に従うことがわかる[*4]．

[*4] 中心極限定理により，予測誤差を確率変数とみなし，十分多くの標本（予測誤差）を抽出すると，その確率密度関数は正規分布に従う．その正規分布に従う確率変数の二乗和の分布は χ^2 分布に従う．

3.3.5　データ解像度行列

これは，求めた解 m^{est} からデータを逆に推定する（d^{est}）ことによってデータ空間上で解の良否を判定するものである．

$$m^{est} = G^{+}d \tag{3.447}$$

$$d^{est} = Gm^{est} = G(G^{+}d^{obs}) = (GG^{+})d^{obs} = Dd^{obs} \tag{3.448}$$

この d^{obs} は実際のデータであるので，この D が単位行列ならば推定データ値は観測データ値を完全に一致するが，一般には推定誤差があるので D の対角要素のみならず，非対角要素にも値が拡散する．このバラツキの度合は解の良否を表すことになる．$D = GG^{+}$[*5]をデータ解像度行列[*6]と呼ぶ．

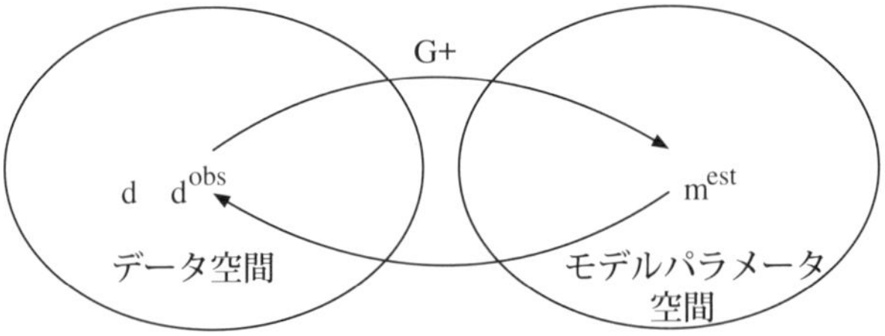

図 3.5　データ解像度行列

図 3.5 に示すようにデータ空間の d^{obs} から G^{+} によって m^{est} を推定し，その結果に基づいてモデル空間からデータ空間に逆に戻した場合の d^{pre} を推定すると，これは，観測値と異なるのでそれらの偏差によって解の善し悪しを評価するものである．

[*5] $N \times N$ の正方行列

[*6] $D = I$ なら，$d^{pre} = d^{obs}$

3.3.6 モデル解像度行列

これは，解の空間において解の良否を判定するものである．

$$Gm^{true} = d^{obs} \tag{3.449}$$

$$m^{est} = G^{+}d^{obs} \tag{3.450}$$

$$m^{est} = G^{+}d^{obs} = G^{+}(Gm^{true}) = (G^{+}G)m^{true} = Rm^{true} \tag{3.451}$$

R[*7]をモデル解像度行列[*8]と呼ぶ．

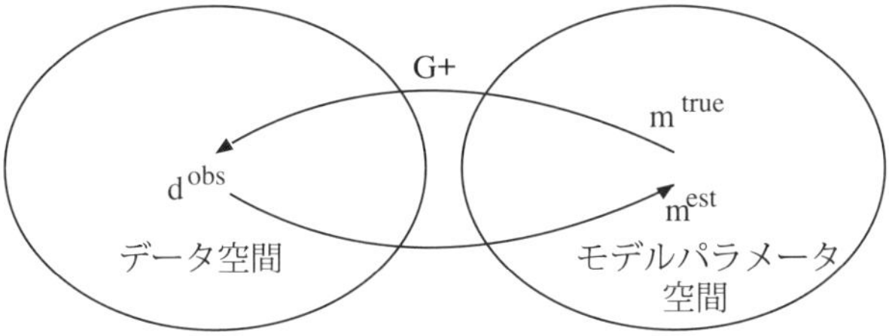

図 3.6　モデル解像度行列

図 3.6 に示すように，モデル空間の m^{est} から G^{+} によって d^{pre} を推定し，その結果に基づいてデータ空間からモデル空間に逆に戻した場合の m^{true} を推定すると，これは，真のモデルパラメータと異なるのでそれらの偏差によって解の善し悪しを評価するものである．

3.3.7 解の共分散行列

解およびモデルパラメータの共分散 Σ_m は解の良否を判定するのに重要である．これはデータそのものの共分散 Σd とデータからモデルパラメータを

*7 $M \times M$ の正方行列

*8 $R = I$ なら，モデルパラメータは一意に決まる．

推定する関数（写像）とによって決まる．データ間に相関がなく，すべて等しい分散を持つと仮定すると，解の共分散は，

$$(\Sigma_m) = \sigma^{-2} G^{+} (\Sigma d) G^{+t} = G^{+} G^{+t} \tag{3.452}$$

となる．相関がある場合もデータ共分散行列を正規化して，モデル共分散行列との関係を以下のようにして解の共分散行列を作ることができる．

$$(\Sigma m) = G^{+} (\Sigma d) G^{+t} \tag{3.453}$$

この解の共分散が小さい程よい解といえる．

3.3.8 ディレクレの広がり関数

前出のデータおよびモデルパラメータの解像度行列から，以下に示す広がり関数を定義する．

$$\mathrm{spread}\,(N) = \|D - I\|_2^2 = \sum_i \sum_j (D_{ij} - I_{ij})^2 \tag{3.454}$$

$$\mathrm{spread}\,(R) = \|R - I\|_2^2 = \sum_i \sum_j (R_{ij} - I_{ij})^2 \tag{3.455}$$

これらは，データおよびモデルパラメータの単位行列からの差の L_2 ノルムの二乗であり，これが小さければ，解像度行列が対角要素に集中していることを意味するのでよい解が得られていることになる．図 3.7 に示すように，通常は，対角要素に値が集中し，対角要素から離れるにしたがって値が小さくなる．

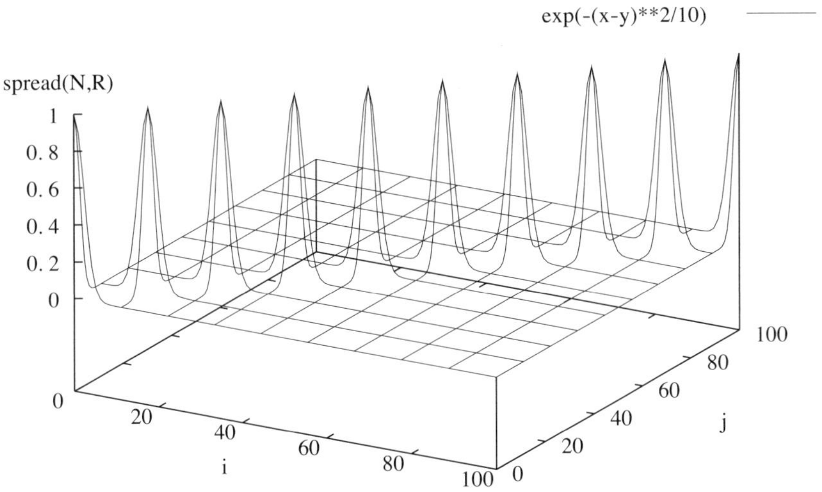

図 3.7　データ，モデル広がり関数（対角要素に値が集中していれば良い解）

3.3.9　サイズ

また，

$$\text{size}\,(\Sigma_m) = \sum_i (\Sigma_m)_{ii} \tag{3.456}$$

によって解の良否を評価することもできる．これは，共分散行列そのものの総和，すなわち，大きさを表しており，分散の小さい解がよいという判断ができる．

3.4 解像度，共分散が良好な場合

3.4.1 優決定問題

$$J_k = \sum_i (D_{ki} - I_{ki})^2 = \sum_i D_{ki}^2 - 2\sum_i D_{ki} I_{ki} + \sum_i I_{ki}^2 \tag{3.457}$$

ここで，J_k は N の k 行目のスプレッドであり，これらはすべて正であるので個別に最小化すれば全体のスプレッド spread $(N) = \sum J_k$ が最小化できる．第 1 項は，

$$\frac{\partial}{\partial G^-_{qr}} \left(\sum_{i=1}^{N} \left(\sum_{j=1}^{M} G_{kj} G^-_{ji} \right) \left(\sum_{p=1}^{M} G_{kp} G^{-1}_{pi} \right) \right) = 2 \sum_{p=1}^{M} G^-_{pr} G_{kq} G_{kp} \tag{3.458}$$

であり，第 2 項は，

$$-2 \frac{\partial}{\partial G^-_{qr}} \sum_{i=1}^{N} \sum_{j=1}^{M} G_{kj} G^-_{ji} \delta_{ki} = -2 G_{kq} \delta_{kr} \tag{3.459}$$

である．また，第 3 項は，

$$G^t G G^- = G^t \tag{3.460}$$

となっており，したがって，優決定の場合，最小二乗型の一般化逆行列と同じである．

$$G^- = (G^t G)^{-1} G^t \tag{3.461}$$

すなわち，最小二乗型一般化逆行列は予測誤差の L_2 ノルム最小の逆行列であり，データ解像度のディレクレの広がり関数を最小にする逆行列でもある．

3.4.2　劣決定問題

$$G^{-} = G^{t}(GG^{t})^{-1} \tag{3.462}$$

最小ノルム型一般化逆行列は解の L_2 ノルムを最小にする逆行列であり，モデル解像度のディレクレの広がり関数を最小にする逆行列である．

3.4.3　一般的な場合

$$a_1 \text{ spread } (D) + a_2 \text{ spread } (R) + a_3\text{size } (\Sigma_m) \to \min . \tag{3.463}$$

$$a_1(G^tG)G^{-} + G^{-}a_2(GG^t) + a_3(\Sigma_d) \tag{3.464}$$

$$=(a_1 + a_2)G^t \tag{3.465}$$

$a_1 = 1,\ a_2 = a_3 = 0$ の時，最小二乗解，$a_1 = 0,\ a_2 = 1,\ a_3 = 0$ の時，最小ノルム解，$a_1 = 1,\ a_2 = 0,\ a_3 = \epsilon^2,\ (\Sigma_d) = I$ の時，

$$G^{-} = (G^tG + \epsilon^2 I)^{-1}G^t \tag{3.466}$$

となり，ダンプ付き最小二乗解となる（データ解像度のスプレッドとモデルパラメータの共分散の重み付き線形和を最小にする逆行列である）．

3.5　連立 1 次方程式と一般逆行列

$$a_{11}x_1 + a_{12}x_2 + \cdots + a_{1N}x_N = b_1 \tag{3.467}$$

$$a_{21}x_1 + a_{22}x_2 + \cdots + a_{2N}x_N = b_2 \tag{3.468}$$

$$\vdots$$

$$a_{M1}x_1 + a_{M2}x_2 + \cdots + a_{MN}x_N = b_M \tag{3.469}$$

の連立1次方程式を考える．これは，また，

$$\begin{pmatrix} a_{11} & a_{12} & \cdots & a_{1N} \\ a_{21} & a_{22} & \cdots & a_{2N} \\ \cdot & \cdot & \cdots & \cdot \\ a_{M1} & a_{M2} & \cdots & a_{MN} \end{pmatrix} \begin{pmatrix} x_1 \\ x_2 \\ \cdot \\ x_N \end{pmatrix} = \begin{pmatrix} b_1 \\ b_2 \\ \cdot \\ b_M \end{pmatrix} \tag{3.470}$$

のようにも書ける．すなわち，

$$Ax = b \tag{3.471}$$

であり，線形逆問題と等しい．ここで，方程式の数：M, 未知数：N, ランク：m とする．したがって，線形逆問題の解法は A, b を与えて，x を求める方法，すなわち，連立1次方程式の解法に他ならない．

3.5.1 $M = m = N$ の場合

これは，線形逆問題でいうところの平衡決定問題になる．

$$x = A^{-1}b \tag{3.472}$$

$$AA^{-1} = A^{-1}A = I \tag{3.473}$$

I は N 次の単位行列である．

3.5.2 与えられる方程式の数が未知数を上回る，$M \geq N = m$ の場合

$$R = Ax - b \tag{3.474}$$

は，b を Ax で推定した時の残差（Residual Error）となる．この残差の二乗，すなわち，二乗誤差を最小にすることを考える．

$$f(x) = R^t R = (Ax - b)^t (Ax - b) \tag{3.475}$$

とおいて，これを最小にするべく，偏微分を 0 とおいて，

$$\frac{\partial f(x)}{\partial x^t} = 2(A^t(Ax - b) = 2(A^tAx - A^tb) = 0 \tag{3.476}$$

となる．すると，

$$A^tAx = A^tb \tag{3.477}$$

$$x = (A^tA)^{-1}A^tb = A^-b \tag{3.478}$$

$$A^- = (A^tA)^{-1}A^t \tag{3.479}$$

となり，解が求められる．これを最小二乗規範に基づく一般逆行列（最小二乗型一般逆行列）という．最小二乗型一般逆行列の一般形は，

$$A^- = (A^tA)^{-1}A^t + (I - (A^tA)^{-1}A^tA)E \tag{3.480}$$

である．ここで，E は未知定数行列である．

A^- の一般形は以下の条件を満たしている．

$$AA^-A = A \tag{3.481}$$

$$(AA^-)^t = AA^- \tag{3.482}$$

3.5.3　与えられる方程式の数が未知数を下回る，$N \geq m$ の場合

有効な方程式の数は m 個であるので，N 個の 1 次独立な解は求められない．そのため，一般解 x は特殊解 x_p と基本解 x_c の 1 次結合と考える．

$$x = x_p + x_c \tag{3.483}$$

1 次独立な係数行列を A_m とし，これに対応する係数ベクトルを b_m とすると，特殊解は次式を満足する．

$$A_mx_p = b_m \tag{3.484}$$

また，基本解は次式を満足する．

$$A_mx_c = 0 \tag{3.485}$$

特殊解を求める時に特殊解そのものの二乗ノルムを最小にする条件で解く．

$$\|x_p\|^2 = x_p^t x_p \tag{3.486}$$

特殊解の推定誤差，

$$R = A_m x_p - b_m \tag{3.487}$$

を最小にする制約条件にて，前出の二乗ノルムを最小にする解を求める．

$$f(x_p) = \frac{1}{2}\|x_p\|^2 - R^t\lambda \tag{3.488}$$

ここで，

$$\lambda = (\lambda_1, \ldots, \lambda_m)^t \tag{3.489}$$

は，ラグランジェの未定乗数である．

$$\frac{\partial f}{\partial x_p^t} = x_p - A_m^t\lambda = 0 \tag{3.490}$$

$$\frac{\partial f}{\partial \lambda^t} = -(A_m x_p - b_m) = 0 \tag{3.491}$$

を満足する λ, x_p を求めると，

$$A_m^t\lambda = x_p \tag{3.492}$$

$$A_m x_p = b_m \tag{3.493}$$

$$b_m = A_m x_p = A_m A_m^t \lambda \tag{3.494}$$

$$\lambda = (A_m A_m^t)^{-1} b_m \tag{3.495}$$

$$x_p = A_m^t\lambda = A_m^t(A_m A_m^t)^{-1} b_m = A_m^- b_m \tag{3.496}$$

となる．ここで，

$$A_m^- = A_m^t(A_m A_m^t)^{-1} \tag{3.497}$$

であり，ノルム最小型一般逆行列という．この一般形は，

$$A_m^- = A_m^t(A_m A_m^t)^{-1} + E(I - A_m A_m^t(A_m A_m^t)^{-1}) \tag{3.498}$$

であり，次の条件を満たしている．

$$A_m A_m^- A_m = A_m \tag{3.499}$$

$$(A_m^- A_m)^t = A_m^- A_m \tag{3.500}$$

3.5.4 ムーアペンローズ一般逆行列

ムーアペンローズ一般逆行列は既に定義した．ここでは連立方程式の解法としてムーアペンローズ一般逆行列を収束計算法により求める方法を紹介する．これは，一般逆行列をコンピュータプログラムにより求めるのに適した方法である．以下にアルゴリズムを示す．

1. もしも $M \leq N$ ならば，$A \leftarrow A^t$ とする
2. $B \leftarrow A^t A$ とする
3. $k = 1$ とする
4. $C^{(1)} \leftarrow I$ とする
5. $C^{(k+1)} \leftarrow \mathrm{trace}\,(C^{(k)}B)I - C^{(k)}B$ とする
6. もしも $C^{(k+1)}B = 0$ ならば，7. にジャンプせよ，もしそうでないなら，5. に戻れ．その際，$j \leftarrow j+1$ とする
7. もしも $\mathrm{trace}\,(C^{(k)}B) \neq 0$ ならば，$\mathrm{rank}\,B = \mathrm{rank}\,A = k$, となり，ムーアペンローズ一般逆行列は，

$$A^+ = \frac{kC^{(k)}}{\mathrm{trace}\,(C^{(k)}B)} A^t \tag{3.501}$$

   となる
8. もしも $M \leq N$ ならば，$A^+ \leftarrow (A^+)^t$ とする

例題

次の行列の一般逆行列をペンローズの収束計算法により求めよ．

$$A = \begin{pmatrix} 1 & 2 \\ -2 & -4 \end{pmatrix} \tag{3.502}$$

解答例

$$B = A^t A = \begin{pmatrix} 1 & -2 \\ 2 & -4 \end{pmatrix}\begin{pmatrix} 1 & 2 \\ -2 & -4 \end{pmatrix} = \begin{pmatrix} 5 & 10 \\ 10 & 20 \end{pmatrix} \tag{3.503}$$

$$C^{(1)} = I,$$

$$C^{(1)}B = \begin{pmatrix} 1 & 0 \\ 0 & 1 \end{pmatrix}\begin{pmatrix} 5 & 10 \\ 10 & 20 \end{pmatrix} = \begin{pmatrix} 5 & 10 \\ -10 & 20 \end{pmatrix} \tag{3.504}$$

$$\mathrm{trace}\,(C^{(1)}B) = 25 \tag{3.505}$$

$$C^{(2)} = \frac{1}{1}\mathrm{trace}\,(C^{(1)}B)I - C^{(1)}B \tag{3.506}$$

$$= \frac{25}{1}\begin{pmatrix} 1 & 0 \\ 0 & 1 \end{pmatrix} - \begin{pmatrix} 5 & 10 \\ 10 & 20 \end{pmatrix} = \begin{pmatrix} 20 & -10 \\ -10 & 5 \end{pmatrix} \tag{3.507}$$

$$C^{(2)}B = \begin{pmatrix} 20 & -10 \\ -10 & 5 \end{pmatrix}\begin{pmatrix} 5 & 10 \\ 10 & 20 \end{pmatrix} = \begin{pmatrix} 0 & 0 \\ 0 & 0 \end{pmatrix} \tag{3.508}$$

ここで反復計算は終了する．

$$\mathrm{rank}\,A = \mathrm{rank}\,B = 1 \tag{3.509}$$

$$A^+ = \frac{1C^{(1)}}{\mathrm{trace}\,(C^{(1)}B)}A^t \tag{3.510}$$

$$= \frac{1}{25}\begin{pmatrix} 1 & 0 \\ 0 & 1 \end{pmatrix}\begin{pmatrix} 1 & -2 \\ 2 & -4 \end{pmatrix} = \frac{1}{25}\begin{pmatrix} 1 & -2 \\ 2 & -4 \end{pmatrix} \tag{3.511}$$

となり，一般逆行列が求められる．

第 4 章

逆問題の解法の応用

4.1 画像復元の基礎理論

画像データはレンズや撮像管，走査系などから構成される計測系を通して得られている．そのため画像にはピントぼけや像の流れ等，さまざまな劣化要素が加わっている．このように劣化して観測された画像から計算機を用いて，本来の画像に近い画像を求めることは，逆問題の解法を応用することにより可能である．劣化の特性が完全にわかっていれば，その逆変換を施すことによって，この逆問題を解くことが可能となる．このような処理を画像に施す場合は画像修復または画像修正と呼ばれている．前述のぼけをもたらす重み関数は点像応答関数（PSF：Point Spread Function）と呼ばれ，これを $h(m,n)$ とし，原画像を $f(m,n)$, 観測画像（劣化画像）を $g(m,n)$ とすると，$f(m,n)$ は数列が周期的であることを仮定して離散的に表せば，次のようなモデルで表される．

$$g(m,n) = \sum_{s=0}^{M-1} \sum_{t=0}^{N-1} h(m-s, n-t) f(s,t) \tag{4.1}$$

$$m = 0, 1, \ldots, M-1, \tag{4.2}$$

$$n = 0, 1, \ldots, N-1 \tag{4.3}$$

ただし，

$$h(m,n) = h(m + m'M, n + n'N), \tag{4.4}$$

$$f(m,n) = f(m + m'M, n + n'N), \tag{4.5}$$

$$m', n' = 0, \pm 1, \pm 2, \ldots \tag{4.6}$$

である．これを行列で表現すると，

$$g = Hf \tag{4.7}$$

ただし，f, g は $M \times N$ 次元ベクトルで，画像の横方向へ 1 ラインごとに辞書的に並べたベクトルデータである．この式から，原画像 f を得るためには $M \times N$ 個の連立方程式を解く必要があり，逆行列 H^{-1} が存在すれば以下のようにして原画像が求められる．

$$f = H^{-1}g \tag{4.8}$$

これを逆フィルターと呼ぶ．しかし，行列 H の大きさに問題があり，画像データが大きくなるに連れて行列 H は指数的に大きくなる．たとえば，$M, N = 512$ の場合，H は 262144×262144 個の方程式を連立させて線形方程式を解かなければならない．ところが，H はブロック循環行列になるので M^2 個の $M \times N$ 行列になることが知られている．また，H は 2 次元離散フーリエ変換により対角化できることも知られているので逆行列を作らなくとも f は得られる．しかし，一般に g には雑音が混入しているので，

$$g = Hf + Z \tag{4.9}$$

となり，その逆行列を求めることは極めて困難である．そこで，行列サイズは大きいがその中味が疎である特徴を利用して，反復法によって原画像を求める方法が考えられている．画像復元の手法を大別すると，線形復元フィルターと非線形復元フィルターとに分けられる．前者には，平均的に最良近似の画像を復元するだけの古典的なウィナーフィルターおよびパラメトリックウィナーフィルターにはじまり，復元画像と原画像との差を原画像の空間で

なく，観測画像上で評価し近似しようとする，一般逆フィルターや拘束条件付きの最小二乗フィルター，復元画像において雑音の影響を大きく受けてしまう恐れのある，射影フィルターや部分射影フィルター等が提案されている．しかし，前者は評価基準の最適化等に不十分な点があり，研究途上にある．一方，後者は本質的に非線形解を求めるものであるので，反復法に基づく方法しか取り得ず，各種の反復法に基づく方法が試されている．反復法には種々のものがあるが，逐次過剰緩和法（SOR 法）に代表される定常反復法と共役勾配法に代表される非定常反復法とがある．一般に前者は，多くの反復回数が必要となるが，精度が高く，後者は，収束性が優れるが，丸め誤差の蓄積が問題である．また，画像復元に適用する場合，雑音に対する耐性の点に留意が必要である．一方，最大エントロピー法は，拘束条件（または，先験知識）及び雑音に対する耐性を考慮できることから画像復元法として提案されている．しかし，このパラメータ推定には超越方程式を解く必要があり，また，ここでも反復法が必要になる．ここでは簡単な逆行列による画像修復と反復法である最急降下法と共役勾配法による画像修復の処理を説明する．また，新たな画像復元の試みとして最大エントロピー法に基づくものや遺伝的アルゴリズムを用いた方法も紹介する．

4.1.1　行列方程式のインバースによる画像修復

原画像と劣化画像の関係は簡単な式で表されるが，劣化作用素の逆行列を求めるためには行列 H が正則でなくてはならない．正則でない場合は，特異値分解や正則化手法等が存在する．

4.1.2　ムーアペンローズ一般逆行列

行列が正則である場合，前述の式の両辺に H^{-1} を掛けると修復画像を得ることができる．また，行列 H が矩形行列である時は，観測画像 g と原画

像 f の劣化後の Hf の二乗偏差を e とすると，

$$e = \| g - Hf \|^2 \tag{4.10}$$

となり，これを最小とする g は以下の式より求められる．

$$\frac{\partial e}{\partial f} = -2H^t(g - Hf) = 0 \tag{4.11}$$

この式から f を求めると，

$$f = (H^tH)^{-1}H^tg = H^+g \tag{4.12}$$

となり，変数の数より方程式のほうが多い場合には最小二乗解として原画像が求められる．ここで H^+ は前出のムーアペンローズ一般逆行列と呼ばれ，以下のように定義される．

- 定義 1：$\tilde{H}$ を $n \times n$ 行列と定義し，$\tilde{H}x = y$ が解 x を持つような y に対し，$x = \tilde{H}^- y$ が解となるなら，$\tilde{H}$ を $\tilde{H}$ の一般化逆行列という．
- 定義 2：式 2.294 により定義したムーアペンローズ一般逆行列を複素変数を要素として持つ係数行列に一般化して，

$$\tilde{H}\tilde{H}^+\tilde{H} = \tilde{H} \tag{4.13}$$

$$\tilde{H}^+\tilde{H}\tilde{H}^+ = \tilde{H}^+ \tag{4.14}$$

$$(\tilde{H}\tilde{H}^+)^* = \tilde{H}\tilde{H}^+ \tag{4.15}$$

$$(\tilde{H}^+\tilde{H})^* = \tilde{H}^+\tilde{H} \tag{4.16}$$

　と再定義する．ここで*は共役転置を示す．この $\tilde{H}^+$ を H のムーアペンローズ一般逆行列という．

真に得たいぶれのない画像を f とし，これをぶれの原因（劣化作用素）h を介して g を取得したとする．

$$g(m,n) = \sum_{s=0}^{M-1}\sum_{t=0}^{N-1} h(m-s, n-t)f(s,t) \tag{4.17}$$

$$m = 0, 1, \ldots, M-1, \tag{4.18}$$

$$n = 0, 1, \ldots, N-1 \tag{4.19}$$

これをベクトル表記して，

$$g = Hf \tag{4.20}$$

となり，もしも，H の逆行列が存在するならば，

$$f = H^{-1}g \tag{4.21}$$

となって真に得たいぶれのない画像が得られる．しかし，取得画像に雑音 Z が混入していると，

$$g = Hf + Z \tag{4.22}$$

となり，この場合は推定二乗誤差，

$$e = \| g - Hf \|^2 \tag{4.23}$$

を最小にする意味で最適なフィルターを求める必要がある．

$$\frac{\partial e}{\partial f} = -2H^t(g - Hf) = 0 \tag{4.24}$$

となるような f を求め，

$$f = (H^tH)^{-1}H^tg \tag{4.25}$$

を得る．これは前出の最小二乗型一般逆行列である．

$\|H\acute{f} - g\|^2 = \rho^2$ の条件の元に $J_2 = \|Q\acute{f}\|^2$ を最小にする復元作用素を求める．この場合，条件は推定二乗偏差をある値 ρ 以下にすることを意味し，また，評価関数は推定原画像のパワースペクトル f^2 をなるべく小さくする，すなわち，画像は元々低周波成分の多い，濃度が滑らかに変化するものだとの前提に立脚している．ここで，ラグランジェの未定乗数法を導入し，

$$J_2 = \|Q\acute{f}\|^2 + \lambda(\|H\acute{f} - g\|^2 - \rho^2) \tag{4.26}$$

$$= (Q\acute{f})^*(Q\acute{f}) + \lambda((H\acute{f} - g)^*(H\acute{f} - g) - \rho^2) \tag{4.27}$$

となり，これを $\acute{f}$ で偏微分し 0 とおくと，

$$\frac{\partial J_2}{\partial \acute{f}} = 2Q^*Q\acute{f} + 2\lambda H^*(H\acute{f} - g) = 0 \tag{4.28}$$

$$\acute{f} = (H^*H + \lambda^{-1}Q^*Q)^+H^*g \tag{4.29}$$

$$K = (H^*H + \lambda^{-1}Q^*Q)^+H^* \tag{4.30}$$

となる．ここで，$*$ は複素共役[*1]を表す．$Q = I$（単位行列）の場合，$H^*H + \lambda^{-1}Q^*Q$ は正則であることが知られているのでその逆行列は求められ，復元作用素を構成できる．

これは，また，以下のようにして復元作用素を求めることもできる．線形等式拘束条件，

$$Fm = \frac{1}{M}(1, 1, \ldots, 1)\begin{pmatrix} m_1 \\ \vdots \\ m_M \end{pmatrix} = (h_1) = h \tag{4.31}$$

を導入し，$Fm - h = 0$ の拘束条件の下に e^te を最小にする解を求める．

$$\phi(m) = \sum_{i=1}^{N}\left(\sum_{j=1}^{M} G_{ij}m_j - d_j\right)^2 + 2\sum_{i=1}^{p}\lambda_i\left(\sum_{j=1}^{M} F_{ij}m_j - h_i\right) \tag{4.32}$$

$$\frac{\partial\phi(m)}{\partial m_q} = 2\sum_{i=1}^{M} m_i \sum_{j=1}^{N} G_{jq}G_{ji} - 2\sum_{i=1}^{N} G_{iq}d_i \tag{4.33}$$

$$+ 2\sum_{i=1}^{p}\lambda_i F_{iq} = 0 \tag{4.34}$$

$$\begin{pmatrix} G^tG & F^t \\ F & 0 \end{pmatrix}\begin{pmatrix} m \\ \lambda \end{pmatrix} = \begin{pmatrix} G^td \\ h \end{pmatrix} \tag{4.35}$$

---

*1 $z = x + iy$ の複素共役は $z^* = x - iy$ である．

4.1.3 ウィナーフィルター

次に雑音を考慮した画像復元の方法としてよく知られるウィナーフィルターを紹介する．画像復元の効果を評価する関数として，

$$J_1 = E_f E_z \|\acute{f} - f\|^2 \tag{4.36}$$

を考え，これを最小にする復元作用素 K を求める．ここで，$\acute{f}$ は推定原画像，E_f, E_z は，それぞれ，原画像および雑音の集合平均である．そのため，この評価関数は，原画像と雑音の平均値で重み付けられた推定二乗偏差を表している．

$$J_1 = E_f\|KHf - f\|^2 + E_z\|KZ\|^2 \tag{4.37}$$

$$= E_f(\mathrm{trace}\ (KHf - f)(KHf - f)^*) + E_z(\mathrm{trace}\ (KZ)(KZ)^*) \tag{4.38}$$

となる．ここで，原画像と雑音の自己相関関数を，

$$R_f = E_f(ff^*) \tag{4.39}$$

$$R_z = E_z(ZZ^*) \tag{4.40}$$

とすると，

$$J_1 = \mathrm{trace}\ (KHR_fH^*K^* - KHR_f - R_fH^*K^* + R_f + KR_zK^*) \tag{4.41}$$

となる．R_f は本質的に対称行列なので，

$$J_1 = \mathrm{trace}\ (KHR_fH^*K^* - 2R_fH^*K^* + R_f + KR_zK^*) \tag{4.42}$$

となる．これを K で偏微分して 0 とおけば，

$$\frac{\partial J_1}{\partial K} = 2KHR_fH^* - 2R_fH^* + 2KR_z = 0 \tag{4.43}$$

$$K = R_fH^*(HR_fH^* + R_z)^* \tag{4.44}$$

となって復元作用素が求められる．これを劣化画像に掛ければ，原画像が復元できる．この場合，原画像と雑音の自己相関関数，または，パワースペクトル（ウィナーヒンチンの関係式があるので同じことではあるが）が予め既知である必要がある．

4.1.4　最急降下法による画像修復

逆行列を用いた画像修復では画像サイズの大きさに問題があり，大規模な行列の逆行列演算が時間的にも困難であり，指数的に計算量が増加してしまう欠点を持っていた．ここでは，その逆行列演算なしに劣化画像からの画像修復を効率的に行い，繰り返し演算で画像修復の過程を観察する．反復法は一般に次のような式で表される．

$$g_k = g_{k-1} + \alpha_k q_k \tag{4.45}$$

すなわち，k 回の反復後の修復画像 g_k は，1 回前の処理結果画像 g_{k-1} に補正ベクトル画像 q_k を加えて得られる．この補正ベクトルを二乗誤差 e_{k-1} が最も減少する方向にとれば，

$$q_k = -\frac{\partial e_{k-1}}{\partial g_{k-1}} = 2H^t(f - Hg_{k-1}) \tag{4.46}$$

となる．ここで，e_{k-1} は $k-1$ 回の反復によって得られた修復画像が作る計測画像 Hg_{k-1} と実際の計測画像の二乗誤差を表し，以下の式で表される．

$$e_{k-1} = \| f - Hg_{k-1} \|^2 \tag{4.47}$$

また，α_k は補正ベクトルの長さを決める係数で，$\frac{\partial e_{k-1}}{\partial \alpha_k}$ から最適化することができ，以下のように表すことができる．

$$\alpha_k = \frac{q_k^t q_k}{q_k^t H^t H q_k} \tag{4.48}$$

これを用いると補正ベクトル $\alpha_k q_k$ は毎回，その方向での最小値まで進む．すなわち，等高線の接線の位置まで進むことになり，次の補正ベクトルは必ず前のものと直交する．このように，収束を最適化させて 2 次曲面の最も角度の急峻な方向に反復を進めていく方法を最急降下法（Steepest Descent Method）と呼ぶ．

4.1.5 共役勾配法による画像修復

前述の最急降下法では完全な収束までに無限回の反復を必要とするが，その問題を解決する方法が共役勾配法と呼ばれるものである．この方法では，毎回の補正ベクトル r_k は勾配ベクトル q_k と違う方向を選ぶ．r_k は g_k の空間で直交するのではなく，Hg_k の空間で，しかも，$r_1, r_2, \ldots, r_{k-1}$ のすべての方向と直交化させる．これを式で表すと，

$$(Hr_k)^t(Hr_j) = r_k^t H^t H r_j = 0, \tag{4.49}$$
$$for \qquad k \neq j \tag{4.50}$$

となる．また，r_k の長さは，e_k マップの等高線に接線として交わるように，その方向に対して最適化する．すなわち，

$$q_{k+1}^t r_k = 0 \tag{4.51}$$

とする．以上 2 つの関係を満足させることによって，共役勾配法は必ず，g の要素数以下の反復回数で最小二乗解に収束する．ただし，現実に float 型の変数を用いると計算機誤差が影響する可能性があるので反復回数が規定回数でも修復できない場合がある．それを踏まえて繰り返し回数を決定する必要がある．

共役勾配法についてまとめると，k 回目の反復解 g_k は，

$$g_k = g_{k-1} + \alpha_k r_k \tag{4.52}$$

で与えられる．ただし，補正ベクトル r_k は，

$$r_k = q_k - \beta_k r_{k-1} \tag{4.53}$$

であり，q_k は前述の最急降下法で用いた勾配を示すベクトルである．ここで

用いた係数，α_k, β_k は，それぞれ，

$$\alpha_k = \frac{r_k^t q_k}{r_k^t H^t H r_k} \tag{4.54}$$

$$\beta_k = \frac{q_k^t H^t H r_{k-1}}{r_{k-1}^t H^t H r_{k-1}} \tag{4.55}$$

のように表される．

4.1.6 最大エントロピー法による画像修復

原理

非負の要素を持つ画像が正規化されているとする．各画素の値 P_i は (1) $\sum_{i=1}^{n} P_i = 1$ および (2) $\forall i : 1 > P_i \geq 0$ であるため，確率変数とみなすことができる．画素値を確率とみると画像のエントロピーを求めることができる．

$$E_n = -\sum_{i=1}^{M\times N} f_i log f_i \tag{4.56}$$

E_n : 画像のエントロピー
$M \times N$: は画像ベクトル f_iの要素数

しかし，これでは，画像が平坦な時に最大値をとってしまうので，この式に拘束条件をつけることにする．

$$\text{拘束条件 } F : \|Hf' - g\|^2 = \rho^2 \tag{4.57}$$

すると，最大エントロピー法とはラグランジェの未定乗数 λ を導入して，

$$J = -f_i \log f_i + \lambda(\|Hf' - g\| - \rho^2) \tag{4.58}$$

$$= -f_i \log f_i + \lambda((Hf' - g)^*(Hf' - g) - \rho^2) \tag{4.59}$$

を最大にすることと等価であるといえる．したがって，このエネルギー J を最大にする f' を最大エントロピー法における修復画像とする．しかし，こ

の式はベクトルから定数への一対多の写像であり，フィルタリングによる画像修復は実現困難であるので，修復画像を求める際に反復法を用いなければならない．すなわち，このパラメータ推定には，超越方程式を解く必要がある．このパラメータ推定法として，ニュートン法，準ニュートン法等の定常反復法および共役勾配法等の非定常反復法を用いた手法は既に提案されているが，これらは本質的に，初期値によっては局所解に陥ったり，または，雑音によっては解が発散するような場合がある．

アニーリングによる最大エントロピー法のパラメータ推定

この手法は，最大エントロピー法に基づく画像修復を基本とし，そのパラメータ推定において，上述の局所解や発散を回避して安定した最小解を求めるために，アニーリングの手法を導入したものである．

アニーリングはある目的関数の最小解を探索する，反復法の一手法である．この場合，解は初期値に関係なく一定値に収束することが，理論的に証明されている．これを具体化したアルゴリズムは，シミュレーテッドアニーリングと呼ばれており，ここでは，これを単にアニーリングと略す．アニーリングのアルゴリズムを以下に示す．

1. 初期状態 x を任意に設定する．
2. $t=0$ から ∞ として 3, 4, 5 を繰り返す．
3. 状態 x を摂動し，次の状態の候補 y を選ぶ確率分布，

$$(\cdots, P(Y=y), \cdots) \equiv (\cdots, P(x,y), \cdots) \tag{4.60}$$

   に従う乱数を発生する．
4. 温度，

$$T(t) = \frac{\delta}{ln(t+2)} \tag{4.61}$$

   を設定し，y を受理するか否かを決める．この時，受理行列は，

$$\frac{1}{1+e^{(\delta E/T)}} \tag{4.62}$$

とした．

5. 確率分布，

$$(P(Z=1), P(Z=0)) \equiv (A(x,y), 1-A(x,y)) \tag{4.63}$$

に従う乱数を発生する．$Z=1$ ならば，x と y を交換する．$Z=0$ ならば，x はそのままとする．

ここで，t は時刻，Δ は温度制御のための十分大きな定数，A は受理行列，P は摂動行列である．また，$1/(1+e^{(\Delta E/T)})$ の確率で変化後の状態を次の状態として選ぶ．また，この温度 T を計算回数が増えるにしたがって，次第に下げることにより，遷移する確率を小さくしていくことができる．つまり，温度が高いうちは局所値に陥っても，エネルギーの高い方への遷移を確率的に許しているので，局所値から抜け出すことができる．これにより，目的関数 F と正の定数 T で定義される以下のボルツマン分布の最適分布が決定され，目的関数が最小解（大域的最適解）に到達する．

$$q(x) = e^{-F(x)/T/Z} \tag{4.64}$$

$$Z = \sum_{x=1}^{\infty} e^{-F(x)/T} \tag{4.65}$$

ここで，画像修復の場合アニーリングの対象は画像であり，ある状態 x から次の状態 y を決定するにあたり選べない画素はない．このことから，摂動行列の代わりに一様乱数を発生し，その乱数にしたがって，次に変化させる画素を選択するようにする．また，未定定数 λ の値も変化させて Root Mean Square（rms）誤差を計算し，最適値を求める．

4.1.7　遺伝的アルゴリズムに基づく方法

遺伝的アルゴリズム（GA：Genetic Algorithm）は，ある範囲内で定義されている変数 x の関数 $f(x)$ の最大値あるいは最小値を与える x の値を高速に求めるための最適化・探索アルゴリズムの一手法である．GA は生物の進化の過程にヒントを得た比較的単純な基本原理を基にしており，ほとんどあらゆる最適化・探索問題に適用可能な枠組みである．GA では，探索空間中の探索点を 1 点ずつ順番に探索するのではなく，複数個の探索点を同時に用いる．そして，各探索点が遺伝子を持つ仮想的な生物であるとみなす．各個体に対して，それぞれの環境との適応度が計算される．低い適応度を持つ個体を淘汰して消滅させ，高い適応度を持つ個体を増殖させ，親の形質を継承した遺伝子を持つ子孫の個体を生成する世代交代シュミレーションを実行する．この際，実際の生物の生殖においても生ずる遺伝子の交差および突然変異と呼ばれる操作を行う．そして，最終的に，非常に高い適応度の個体，いい換えれば，最大値と考えられる $f(x)$ を与える x の値を求める．以上が GA の基本的な考え方である．

GA の処理手順

GA は，基本的に Generate-and-Test 型のアルゴリズムで，一般に，選択，交差，突然変異の 3 種類の遺伝的操作を使用する．GA の処理手順は，以下のようになる．

1. 初期集団の生成
2. 終了条件が満たされるまでループ
   (a) 適応度の評価
   (b) 選択（淘汰・増殖）
   (c) 交差
   (d) 突然変異

まず，初期集団の生成を行う．GA では，探索空間中に複数の探索点（複数の個体）を設定して，それらの協調あるいは競合を用いる．探索開始時では探索空間は一般に全くのブラックボックスであり，どのような個体が望ましいか全く不明である．このため，通常，決められた個体数の染色体をランダムに生成し，これを初期集団とする．初期集団が生成されると，各々の個体に対して適応度の評価を行う．評価方法は解こうとする問題ごとに異なる．

基本はよりよい個体が高い適応度の評価がなされるということである．各々の個体の適応度が決定されると，それを基に選択交配を行う．基本的に適応度の高い個体がより多くの子孫を残す機構となる．これにより，よりよい個体を形成する遺伝子が集団中に広がる．選択交配を行う個体対が決定されたら，染色体の交差を行う．交差の方法もいろいろ提案されている．基本的には，双方の染色体の一部ずつを採ってきて，子孫の染色体を作る．ただし，普通は，ある遺伝子座には同じ遺伝子座からどちらかの親の遺伝子を複製する．次に，交差に続いて突然変異を行う．これは，ある確率で染色体の一部の値を変える操作である．突然変異の操作によって交差だけでは生じない遺伝子を持つ個体が生成されることになる．これらの処理が終了すると，新しい世代の個体集団が作られたことになる．そして，この新たな集団に対して，また，適応度評価，選択交配，突然変異を行い，さらに，新たな世代を作っていく．

画像修復は，ボケやノイズにより劣化した観測画像からできる限り原画像に近い推定画像を求めようとするものである．

GA では，問題の解候補（画像修復においては，推定画像）からなる初期集団を用意する．この初期集団に対して，評価関数を環境とした自然淘汰の原理を働かせ，遺伝的操作を繰り返し集団に加えていくことにより集団が進化し最適解を得ることになる．GA の処理手順を画像復元に適用する．

各個体の評価

個体を複数個発生させ初期集団を形成したら，各個体を評価する．本来ならば，原画像 f と各個体（推定画像）f' を比較したいのだが，原画像がどのようなものか分からない．そこで，評価関数を次のように設定する．

$$E(f_i') = \|g - hf_i'\|^2 \tag{4.66}$$

ここで，f_i' は個体 i が表す推定画像，g は観測された劣化画像，h は劣化過程，$*$ は畳み込み積分を表す．すなわち，劣化画像と同じ劣化過程を通して推定画像を劣化させて作った画像とを比べることにより，原画像と推定画像との違いを評価する．当然，$E(f_i')$ の値が小さい個体ほど適応度としては高くなる．最適な修復画像 f^* は，$E(f_i')$ が最小となる f_i' である．すなわち，

$$f^* = arg \min_{f_i'} \{E(f_i')\} \tag{4.67}$$

となる．

遺伝的操作

個体の評価が求まった後，集団に対し遺伝的操作を加える．

- 淘汰適応度の低い，下位の一定の割合（淘汰率による）の個体を無条件に淘汰して消滅させる．そして，上位の個体からランダムに選んだ何組かのペアを交差させ，それぞれ新しい個体を生成し，個体総数を一定に保つ．
- 交差 2 枚の画像（親）を横に切り，繋ぎ合わせて新しい 2 枚の画像（子）を作る．
- 突然変異乱数により選ばれた画素に対し，その近傍画素の情報を用いて選ばれた画素の反転を行う．選ばれた画素の周辺に黒が多ければ黒に，白が多ければ白にする．

遺伝的アルゴリズムでは，個体数，淘汰率や突然変異率など多くのパラメータが必要となる．これらパラメータの決定に関しては，まだ明確な指針がないため，設計者の「勘」や「経験」に任されているのが現状である．

4.1.8 画像修復演習

画像の修復

前述の通り，劣化の特性が完全に解っていればその逆変換を施すことによって劣化されていない原画像を求めることが可能になる．前述のぼけをもたらす重み関数は劣化作用行列と呼ばれ，これを $h(m,n)$ とし，原画像を $g(m,n)$, 劣化画像を $f(m,n)$ とすると，$g(m,n)$ は数列が周期的であることを

仮定して離散的に表せば，次のような劣化関数との畳み込み積分によって表される．

$$f(m,n) = \sum_{s=0}^{M-1}\sum_{t=0}^{N-1} h(m-s, n-t)g(s,t) \tag{4.68}$$

$$m = 0, 1, \ldots, M-1,\ n = 0, 1, \ldots N-1 \tag{4.69}$$

ただし，

$$h(m,n) = h(m + m'M, n + n'N), \tag{4.70}$$

$$g(m,n) = g(m + m'M, n + n'N), \tag{4.71}$$

$$m', n' = 0, \pm 1, \pm 2, \ldots \tag{4.72}$$

これを行列で表現すると，

$$\boldsymbol{f} = H\boldsymbol{g} \tag{4.73}$$

である．ただし，g, f は $M \times N$ 次元ベクトルで画像の横方向に 1 ラインごとに辞書的に並べたベクトルデータである．この式から原画像 g を得る為には $M \times N$ 個の連立方程式を解く必要があり，逆行列 H^{-1} が存在する場合には以下のようにして原画像が求められる．

$$\boldsymbol{g} = H^{-1}\boldsymbol{f} \tag{4.74}$$

実験では簡単な劣化モデルとして 2 × 2 のマスクを考え画像上をスライドさせながらその画素値の平均値が劣化画像のデータになるとする．

課題

2 × 2 のマスクごとに平均値をとって次々にスライドさせ（移動平均），劣化画像とする．この時，劣化作用モデルを行列にて表現せよ．また，このように劣化した画像を用いて逆行列に基づく修復画像を行え．さらに，劣化行列が正則でない場合の画像修復方法を記述せよ．

図 4.1 原画像（左）と劣化画像（右）

4.2 地球観測衛星搭載センサ入力放射輝度

地球観測衛星搭載センサに到達する位置 x における放射輝度 $d(x)$ は，地表面の物理量を $m(y)$ とし，$G(x,y)$ を大気中の放射伝達を表す関数とすると，全体の放射伝達式は第 1 種のフレッドホルム型積分方程式で表せる．

$$\int_a^b m(y)G(x,y)dy = d(x) \tag{4.75}$$

ここで，$G(x,y)$ を方程式の核，または，積分核という．$G(x,y), d(x)$ は与えられた関数で $m(y)$ が求めるべき未知関数である．すなわち，観測対象物の性質が未知関数であり，これが電磁波と媒質（大気など）との相互作用の結果として衛星に搭載されたセンサの入力 $d(x)$ が決定されている．この結果として得られる $d(x)$ を用いて，その原因である $m(y)$ を推定することを逆問題を解くという．

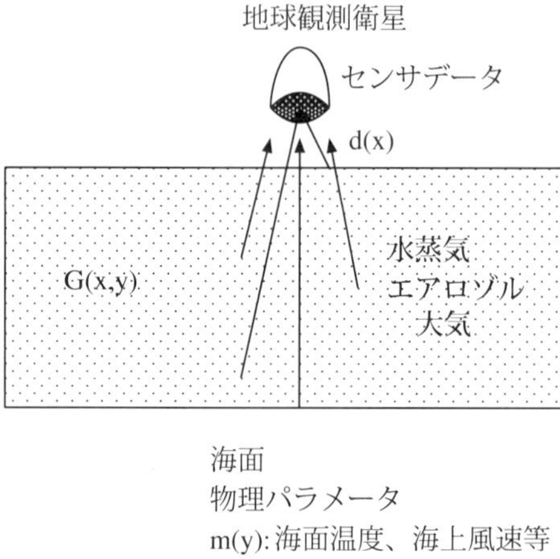

図 4.2　地球観測衛星搭載センサ入力放射輝度（輝度温度）

放射伝達式の解法は，そのため，逆問題解法でもある．この解法として定義領域を微小区間に制限し，その領域内では線形であるとして，平均値定理を用いて線形化して解く方法や非線形のまま，反復的に解く方法[*2]がある．ここでは，まず，積分方程式の数値解法を述べ，次に，積分方程式を線形化して連立方程式に変換して解く方法までを詳述する．

4.2.1　積分方程式の分類

積分方程式には，積分範囲が固定である，

- フレッドホルム型

$$\int_a^b K(x, y)u(y)dy = g(x) \qquad (c < x < d) \tag{4.76}$$

[*2] 解を仮定し，その解を積分方程式に挿入し，誤差を評価し，誤差が少なくなるように解を更新する方法

と，積分範囲の片方が変数である，

- ヴォルテラ型

$$\int_a^x K(x,y)u(y)dy = g(x) \tag{4.77}$$

とがある．この $K(x,y)$ を積分核と呼ぶ．

4.2.2　積分方程式の数値解法

積分方程式の数値解法としては，

1. 数値積分による方法
2. 級数展開による方法

が代表的である．これらの方法はいずれも代数的な線形方程式に帰着させて，数値的に解くというのが常套手段である．

4.2.3　数値積分による方法

この方法は，方程式の正規部分（積分の項）に数値積分を用いて離散化を施し，数値的に計算する方法である．

区間 $[a,b]$ 上で定義された関数 $u(x)$ に対する数値積分の一般形は，

$$I_n(u) = \sum_{j=1}^{n} W_{nj}u(x_j) \tag{4.78}$$

で与えられ，区間 $[a,b]$ 上の関数 $u(x)$ に対する積分に対して，

$$\int_a^b u(x)dx = I_n(u) + E_n(u) \tag{4.79}$$

が成立するように重み係数 W_{nj} と標本点（分点）$x_j(i \leq j \leq n)$ を与える．一般に，重み係数は関数 u に依存しないように与える．しかし，標本点の数 n には依存することが多い．また，E_n は数値積分法に対する残差項である．

この数値積分法を方程式の積分の部分に適用して，残差項を無視することによって次の式を得る．

$$\sum_{j=1}^{n} W_{nj} K(x, x_j) U(x_j) = g(x) \qquad (1 \leq i \leq n) \tag{4.80}$$

ここで，$U(x)$ は $u(x)$ の近似である．さらに，上式を標本点 $x_i (1 \leq j \leq n)$ において離散化することにより，

$$\sum_{j=1}^{n} W_{nj} K(x_i, y_j) u_j = g(x_i) \qquad (1 \leq i \leq n) \tag{4.81}$$

のような方程式を得る．ここで，$u_i = U(x_i)$ である．上式のベクトル表現を，

$$\boldsymbol{K}W\boldsymbol{U} = \boldsymbol{G} \tag{4.82}$$

で与える．ここで，$\boldsymbol{U}, \boldsymbol{G}$ は，それぞれ，

$$\boldsymbol{U} = (u_i, u_2, \ldots, u_n)^t \tag{4.83}$$

$$\boldsymbol{G} = (g(x_1), g(x_2), \ldots, g(x_n))^t \tag{4.84}$$

の n 次元ベクトル，I は n 次恒等行列，W と $\boldsymbol{K}$ は，それぞれ，

$$\begin{aligned} W &= (w_{ij}), \qquad (w_{ij} = W_{nj}\delta_{ij}) \\ \boldsymbol{K} &= (K(x_i, x_j)) \end{aligned} \tag{4.85}$$

の n 次行列である．

この方程式の係数行列 $\boldsymbol{K}W$ が正則であれば，$\boldsymbol{U}$ に関する解は一意に存在する．その時，

$$\boldsymbol{U} = (\boldsymbol{K}W)^{-1}\boldsymbol{G} \tag{4.86}$$

として積分方程式の解 u に対する標本点上での近似解が得られる．

4.2.4 級数展開による方法

積分方程式の解 $u(x)$ は,

$$u(x) = \sum_{i=0}^{\infty} \alpha_i \phi_i(x) \tag{4.87}$$

のように級数展開可能であるとする. ここで, α_i は区間 $[a, b]$ 上の既知の関数族である. このような関数族として, しばしば,

$$1, x, x^2, x^3, \ldots, x_n, \ldots \tag{4.88}$$

のような 1 次独立な系が用いられるが,

$$\frac{1}{2}, \cos x, \sin x, \cos 2x, \sin 2x, \ldots \tag{4.89}$$

のような直交関数系を用いると便利である. ここで, 関数族 $\phi_i(x)$ が重み関数 $\omega(x)$ の直交関数系であるとは,

$$\int_a^b \omega(x)\phi_i(x)\phi_j(x)dx = \begin{cases} \beta_i & (i = j) \\ 0 & (i \neq j) \end{cases} \tag{4.90}$$

を満たすような性質を持つ関数 $\phi_i(x)$ の集まりでのことである. ここで, $\omega(x)$ は (a, b) 上で定義された非負関数である. 特に, $\beta_i = 1(i \geq 0)$ の時, 直交関数系は正規的であるという.

積分方程式の近似解として上式の部分級数,

$$U(x) = \sum_{i=0}^{n} \alpha_i \phi_i(x) \tag{4.91}$$

を用いる. すなわち, 級数展開法は $U(x)$ が解 $u(x)$ をよく近似するような結合係数 α_i を決定するための手続きである.

残差を $\eta_n(x)$ で表せば，

$$\begin{aligned}\eta_n(x) &= \int_a^b K(x,y)U(y)dy - g(x)\\ &= \sum_{i=0}^{n}\int_a^b K(x,y)\alpha_i\phi_i(y)dy - g(x)\end{aligned} \tag{4.92}$$

となる．上記の残差をどのような意味で最小にするかにより，級数展開法にいろいろな名称が与えられている．

4.2.5 選点法

区間 $[a,b]$ に属する異なる $n+1$ 個の点 $x_i (i = 0,1,2,\cdots,n)$ において残差が，

$$\eta_n(x_i) = 0 \qquad (0 \le i \le n) \tag{4.93}$$

のように正確に 0 となるように係数 α_i を決定する手法を選点法という．

$$A\boldsymbol{\alpha} = \boldsymbol{G} \tag{4.94}$$

ここで，A は $n+1$ 次行列，$\boldsymbol{G}$ は $n+1$ 次元ベクトルであって，それぞれ次のように定義されている．

$$A = (A_{ij})$$

$$A_{ij} = \int_a^b K(x_j,y)\phi_i(y)dy \tag{4.95}$$

$$G = (g(x_0), g(x_i), \ldots, g(x_n))^t \tag{4.96}$$

なお，行列 A の成分 A_{ij} の値を得るためには積分を実行する必要がある．しかし，積分核が単純な関数でない限り直接解析的に求めることは一般に難しい．したがって数値積分を用いることが普通である．

4.2.6 モーメント法

$k+1$ 個の線形独立な関数の族 $\{x_i\}$ の張る部分空間を含む空間において，$\eta(x)$ がその部分空間と内積の意味において直交するように，$\{\alpha_i\}$ を決定する方法を総称的にモーメント法と呼ぶ．すなわち，すべての $i = 0, 1, \cdots, k$ に対して，

$$(\eta, x_i) = \int_a^b \eta(x) x_i(x) dx = 0 \tag{4.97}$$

を満たすように $\{\alpha_i\}$ を決定する．一般に，$\{\phi_i\}$ と $\{x_i\}$ は同じ関数族とすることが多いが，特に，$\{\phi_i(x)\}$ と $\{x_i(x)\}$ が異なる関数族の時，狭義的にモーメント法とよび，$\{\phi_i\}$ と $\{x_i\}$ が同一の関数族から選ばれる時，モーメント法はガレルキン法と呼ばれる．ガレルキン法では残差 $\eta_n(x)$ と各 $\phi_i(x)$ との内積が，

$$(\eta_n, \phi_i) = \int_a^b \eta_n(x) \overline{\phi_i(x)} dx = 0 \qquad (0 \le i \le n) \tag{4.98}$$

となるように係数 α_i を決定する．

$$(\eta_n, \phi_i) = \sum_{j=0}^{n} \int_a^b \int_a^b K(x, y) \alpha_j \phi_j(y) \overline{\phi_i(x)} dy dx \tag{4.99}$$

$$- \int_a^b g(x) \overline{\phi_i(x)} dx \quad (0 \le i \le n) \tag{4.100}$$

が得られる．未知係数ベクトル $\boldsymbol{\alpha}$ に関する線形方程式として，

$$D\boldsymbol{\alpha} = \boldsymbol{\Gamma} \tag{4.101}$$

が導かれる．ここで，$D, \boldsymbol{\Gamma}$ はそれぞれ $n+1$ 次行列と $n+1$ 次元ベクトルであり，次のように定義されている．

$$D = (D_{ij}) \tag{4.102}$$

$$D_{ij} = \int_a^b \int_a^b K(x, y) \phi_j(y) \overline{\phi_i(x)} dy dx \tag{4.103}$$

$$\boldsymbol{\Gamma} = (\gamma_i) \tag{4.104}$$

$$\gamma_i = \int_a^b g(x)\overline{\phi_i(x)}dx \tag{4.105}$$

線形方程式は決定方程式とも呼ばれる．積分方程式の近似解 $U(x)$ は数値的に求めた $\boldsymbol{\alpha}$ を代入して得られる．

4.2.7　放射伝達式を線形逆問題と捉えた解法

前述の通り，太陽を光源とする衛星搭載受動型センサによって得られる観測データ（放射輝度）：$g(x)$ は，(1) 太陽光の大気による散乱成分（パスラジアンス），(2) 太陽光が大気を通過する際に大気組成分子，粒子により吸収および散乱され，地表面に到達して反射され，再び大気を通過してセンサに到達する成分（直達），(3) 太陽光の大気による散乱成分が地表面にて反射され，大気を通過してセンサに到達する成分（散乱）を合わせたものである．大気による吸収および散乱の影響を $K(x,y)$ とすると，式 4.76 のフレッドホルム型積分方程式によって，

$$g(x) = \int_a^b K(x,y)u(x)dy \tag{4.106}$$

と表せる．ここで x,y は水平位置および高度であり，$u(x)$ は地表面反射率である．このように地表面反射率を推定することにより，地表面の性質を調べることをリモートセンシングと呼ぶ．この積分方程式は逆問題と捉えることができ，前節に述べた種々の解法により解くことができる．

第 5 章

総合演習問題

第 4 章までの線形代数の基礎，線形代数の応用として取り上げた線形逆問題の解法，ならびに，その応用の理解度をチェックするための練習問題は各章において出題した．本章ではそれらすべてに関する総合演習問題を提示する．

問題 5.1 は，2 元連立 1 次方程式の出題であり，連立方程式を行列形式にて表記して解く方法を練習するためのものである．第 2 章が理解できれば解ける問題である．

問題 5.2, 5.3 は，線形代数の基礎である 1 次従属と 1 次独立の概念を理解していることを確認するための出題である．2.2 節が理解できれば解ける問題である．

問題 5.4 は，逆行列を求める練習問題であり，行列式，余因子行列を理解していることを確認するためのものである．2.11 節が理解できれば解ける問題である．

問題 5.5 は，対角要素が同じ場合の逆行列を求める問題である．条件を与えた場合の逆行列を求める問題である．これも 2.11 節が理解できれば解ける問題である．

問題 5.6 は，固有値問題である．行列の固有値，固有ベクトルが理解できていれば解ける問題である．これは，2.16 節が理解できれば解ける問題である．

問題 5.5 は，2×2 の行列に対する固有値問題であったが，問題 5.7 は 3×3 行列に対する固有値問題である．これも 2.16 節が理解できれば解ける問題である．

問題 5.8，は 2 変数の 2 次方程式が行列表記できることを示し，この固有値問題を解かせようとする試みである．また，固有ベクトルを 1 に正規化した，正規化固有ベクトルを求める問題とした．これも 2.16 節が理解できれば解ける問題である．

問題 5.9 は，直交行列に関する問題である．直交の概念を理解していることを確認する問題である．2.12 節を理解していれば解ける問題である．

問題 5.10 は，行基本操作に関する問題である．行列の基本操作が理解できていれば解ける問題である．5.10 節が理解できれば解ける問題である．

問題 5.11 から線形逆問題の解法に関する問題が続く．問題 5.11 は，線形逆問題の最も解きやすい問題である，平衡決定問題の解法である．

問題 5.12 は，与えられる方程式の数が未知数を上回っているような場合（優決定問題）の連立方程式の解法である．

問題 5.13 は，逆に，与えられる式の数が未知数よりも少ない場合（劣決定問題）である．平衡決定問題であっても連立方程式を行列表記した場合の係数行列が正則でない場合，また，行列が正方行列でない場合，逆行列が存在せず，このままでは連立方程式が解けない．そこで，逆行列に近い性質を持つ逆行列を一般化した行列，一般逆行列が登場する．優決定問題の場合は最小二乗一般逆行列．劣決定問題の場合にはノルム最小一般逆行列が定義できた．また，未知数と与えられる方程式の数との関係が如何なる場合でも解が求められるムーアペンローズ一般逆行列を定義した．これらは 3.2 節が理解できれば解ける問題である．

問題 5.14 および 5.15 は，この一般逆行列の性質に関する問題である．

ムーアペンローズ一般逆行列は種々の求め方があるが，問題 5.16，5.17 は，*LU* 分解に関する問題である．連立方程式の係数行列を上三角行列と下三角行列の積の形式に直積分解して解く方法である．これらも 3.2 節が理解できれば解ける問題である.

問題 5.18, 5.19, 5.20, 5.21, 5.22 は，固有値展開（2.19 節），ムーアペンローズ一般逆行列（2.20 節），特異値（3.2 節），解像度行列およびディレクレの広がり関数による線形逆問題の解の吟味（3.3 節），正則化に関する物理的意味を理解していれば解ける問題である.

5.1 連立方程式

$$3x + y = 11 \tag{5.1}$$

$$x + 2y = 12 \tag{5.2}$$

を解け.

解答 1

ベクトル表記で書けば，

$$x\begin{pmatrix} 3 \\ 1 \end{pmatrix} + \begin{pmatrix} 1 \\ 2 \end{pmatrix} = \begin{pmatrix} 11 \\ 12 \end{pmatrix} \tag{5.3}$$

となり，求める未知変数以外を消去するように $\begin{pmatrix} 1 \\ 2 \end{pmatrix}$ を行列式表現の両辺に乗じて，

$$\det\left(x\begin{pmatrix} 3 \\ 1 \end{pmatrix} + \begin{pmatrix} 1 \\ 2 \end{pmatrix}, \begin{pmatrix} 1 \\ 2 \end{pmatrix}\right) \tag{5.4}$$

$$= \det\left(\begin{pmatrix} 11 \\ 12 \end{pmatrix}, \begin{pmatrix} 1 \\ 2 \end{pmatrix}\right) \tag{5.5}$$

を得る．すると，

$$\det\left(\begin{pmatrix} 1 \\ 2 \end{pmatrix}, \begin{pmatrix} 1 \\ 2 \end{pmatrix}\right) = 0 \tag{5.6}$$

であるので，

$$x\det\left(\begin{pmatrix}3\\1\end{pmatrix},\begin{pmatrix}1\\2\end{pmatrix}\right) \tag{5.7}$$

$$=\det\left(\begin{pmatrix}11\\12\end{pmatrix},\begin{pmatrix}1\\2\end{pmatrix}\right) \tag{5.8}$$

となり，

$$x=(11\times 2-12\times 1)/(3\times 2-1\times 1)=2 \tag{5.9}$$

と求められる．同様にして，

$$\det\left(\begin{pmatrix}3\\1\end{pmatrix},x\begin{pmatrix}3\\1\end{pmatrix}+y\begin{pmatrix}1\\2\end{pmatrix}\right) \tag{5.10}$$

$$=\det\left(\begin{pmatrix}3\\1\end{pmatrix},\begin{pmatrix}11\\12\end{pmatrix}\right) \tag{5.11}$$

となり，$y=5$ となる．

5.2 1次独立

$\begin{pmatrix}1\\1\\0\end{pmatrix}$ と $\begin{pmatrix}0\\1\\1\end{pmatrix}$ と $\begin{pmatrix}1\\0\\1\end{pmatrix}$ は1次独立か1次従属か？

解答2

最初の2つが1次従属であるならば，

$$\begin{pmatrix}1\\0\\1\end{pmatrix}=\alpha\begin{pmatrix}1\\1\\0\end{pmatrix}+\beta\begin{pmatrix}0\\1\\1\end{pmatrix}$$

と表せるはずである．しかし，上式の1段目から $\alpha=1$，3段目から $\beta=1$ となるが，これでは2段目が成立しない．したがって，1次従属であるとの仮定は成立しないことがわかる．したがって，1次独立である．

5.3　1 次従属

$\begin{pmatrix} 1 \\ 1 \\ 3 \end{pmatrix}$ と $\begin{pmatrix} 2 \\ -1 \\ 1 \end{pmatrix}$ と $\begin{pmatrix} -1 \\ 2 \\ 2 \end{pmatrix}$ は 1 次独立か 1 次従属か？

解答 3

$$\begin{pmatrix} -1 \\ 2 \\ 2 \end{pmatrix} = \begin{pmatrix} 1 \\ 1 \\ 3 \end{pmatrix} - \begin{pmatrix} 2 \\ -1 \\ 1 \end{pmatrix} \tag{5.12}$$

$$= 1 \times \begin{pmatrix} 1 \\ 1 \\ 3 \end{pmatrix} + (-1) \times \begin{pmatrix} 2 \\ -1 \\ 1 \end{pmatrix} \tag{5.13}$$

となり，1 次従属であることがわかる．

5.4　逆行列

$A = \begin{pmatrix} 3 & 4 \\ 4 & 6 \end{pmatrix}$ の逆行列を求めよ．

解答 4

$A = \begin{pmatrix} a & b \\ c & d \end{pmatrix}$ とすると，

$$A^{-1} = \frac{1}{\det A}[A \text{ の余因子行列}] \tag{5.14}$$

$$= \frac{1}{ad - bc} \begin{pmatrix} d & -b \\ -c & a \end{pmatrix} \tag{5.15}$$

$$= \frac{1}{18 - 16} \begin{pmatrix} 6 & -4 \\ -4 & 3 \end{pmatrix} \tag{5.16}$$

$$= \begin{pmatrix} 3 & -2 \\ -2 & 3/2 \end{pmatrix} \tag{5.17}$$

5.5　逆行列

a が 0 でない時，$\begin{pmatrix} a & b \\ 0 & a \end{pmatrix}$ の逆行列を求めよ．

解答 5

$A = \begin{pmatrix} a & b \\ c & d \end{pmatrix}$ とすると，

$$A^{-1} = \frac{1}{\det A}[A\ \text{の余因子行列}] \tag{5.18}$$

$$= \frac{1}{ad - bc}\begin{pmatrix} d & -b \\ -c & a \end{pmatrix} \tag{5.19}$$

$$= \frac{1}{a^2}\begin{pmatrix} a & -b \\ 0 & a \end{pmatrix} \tag{5.20}$$

となる．

5.6　固有値

行列 $A = \begin{pmatrix} 1 & 1 \\ -2 & 4 \end{pmatrix}$ の固有値と固有ベクトルを求めよ．

解答 6

$\begin{pmatrix} (1-\lambda) & 1 \\ -2 & (4-\lambda) \end{pmatrix} x = 0$ となるので，

$$\det\begin{pmatrix} (1-\lambda) & 1 \\ -2 & (4-\lambda) \end{pmatrix} = 0 \tag{5.21}$$

$$(1-\lambda)(4-\lambda) - 1 \times (-2) = \lambda^2 - 5\lambda + 6 = 0 \tag{5.22}$$

である．したがって，$\lambda = 2, 3$ となる．$\lambda = 2$ の時は，

$$\begin{pmatrix} -1 & 1 \\ -2 & 2 \end{pmatrix} x = 0 \tag{5.23}$$

が成立する x が固有ベクトルであり，これは，$(-1, 1), (-2, 2)$ に直交するベクトルとなり，たとえば，$\begin{pmatrix} 1 \\ 1 \end{pmatrix}$ がある．同様に，$\lambda = 3$ の場合は，$\begin{pmatrix} 1 \\ 1 \end{pmatrix}$ が見つかる．

5.7　固有値

行列 $A = \begin{pmatrix} 6 & -3 & 7 \\ -1 & 2 & 1 \\ 5 & -3 & -6 \end{pmatrix}$ の固有値と固有ベクトルを求めよ．

解答 7

$$\begin{pmatrix} 6 & -3 & 7 \\ -1 & 2 & 1 \\ 5 & -3 & -6 \end{pmatrix} x - \begin{pmatrix} \lambda & 0 & 0 \\ 0 & \lambda & 0 \\ 0 & 0 & \lambda \end{pmatrix} x = 0 \tag{5.24}$$

$$= \begin{pmatrix} 6-\lambda & -3 & 7 \\ -1 & 2-\lambda & 1 \\ 5 & -3 & -6-\lambda \end{pmatrix} x = 0 \tag{5.25}$$

$$\det \begin{pmatrix} 6-\lambda & -3 & 7 \\ -1 & 2-\lambda & 1 \\ 5 & -3 & -6-\lambda \end{pmatrix} = 0 \tag{5.26}$$

$$(6-\lambda) \det \begin{pmatrix} 2-\lambda & 1 \\ -3 & -6-\lambda \end{pmatrix} \tag{5.27}$$

$$-(-1) \det \begin{pmatrix} -3 & -7 \\ -3 & -6-\lambda \end{pmatrix} \tag{5.28}$$

$$+5 \det \begin{pmatrix} -3 & -7 \\ 2-\lambda & 1 \end{pmatrix} = 0 \tag{5.29}$$

$$-(\lambda^3 - 2\lambda^2 - \lambda + 2) = 0 \tag{5.30}$$
$$(\lambda - 1)(\lambda - 2)(\lambda + 1) = 0 \tag{5.31}$$

したがって，$\lambda = 1, 2, -1$ である．$\lambda = 1$ の時，

$$\begin{pmatrix} 5 & -3 & -7 \\ -1 & 1 & 1 \\ 5 & -3 & -7 \end{pmatrix} x = 0 \tag{5.32}$$

$$x = \begin{pmatrix} 2 \\ 1 \\ 1 \end{pmatrix} \tag{5.33}$$

となる．$\lambda = 2$ の時，

$$\begin{pmatrix} 4 & -3 & -7 \\ -1 & 0 & 1 \\ 5 & -3 & -8 \end{pmatrix} x = 0 \tag{5.34}$$

$$x = \begin{pmatrix} 1 \\ -1 \\ 1 \end{pmatrix} \tag{5.35}$$

となる．$\lambda = -1$ の時，

$$\begin{pmatrix} 7 & -3 & -7 \\ -1 & 3 & 1 \\ 5 & -3 & -5 \end{pmatrix} x = 0 \tag{5.36}$$

$$x = \begin{pmatrix} 1 \\ 0 \\ 1 \end{pmatrix} \tag{5.37}$$

となる．

5.8 固有値

$3x^2 - 4xy + 3y^2 = \begin{pmatrix} x \\ y \end{pmatrix} \begin{pmatrix} 3 & -2 \\ -2 & 3 \end{pmatrix} \begin{pmatrix} x \\ y \end{pmatrix}$ と表せる．この固有値と固有ベクトルを求めよ．

解答 8

$$\det\begin{pmatrix} 3-\lambda & -2 \\ -2 & 3-\lambda \end{pmatrix} = \lambda^2 - 6\lambda + 5 = 0 \tag{5.38}$$

となるので $\lambda = 1, 5$ と固有値が求められる．$\lambda = 5$ の時，$\begin{pmatrix} -2 & -2 \\ -2 & -2 \end{pmatrix} x = 0$ を満たす x のうち，大きさを 1 にするものを選ぶと，$x = \begin{pmatrix} \frac{1}{\sqrt{2}} \\ -\frac{1}{\sqrt{2}} \end{pmatrix}$ と固有ベクトルが求められる．$\lambda = 1$ の時，$\begin{pmatrix} 2 & -2 \\ -2 & 2 \end{pmatrix} x = 0$ を満たす x のうち，大きさを 1 にするものを選ぶと，$x = \begin{pmatrix} \frac{1}{\sqrt{2}} \\ \frac{1}{\sqrt{2}} \end{pmatrix}$ と固有ベクトルが求められる．

5.9 直交行列

$$3x^2 - 4xy + 3y^2 = \begin{pmatrix} x \\ y \end{pmatrix} \begin{pmatrix} 3 & -2 \\ -2 & 3 \end{pmatrix} \begin{pmatrix} x \\ y \end{pmatrix} \tag{5.39}$$

$$= \begin{pmatrix} x \\ y \end{pmatrix} A \begin{pmatrix} x \\ y \end{pmatrix} = \frac{5}{2}(x-y)^2 + \frac{1}{2}(x+y)^2 \tag{5.40}$$

と表せる．この A は対称行列である．これを，

$$\begin{pmatrix} x' \\ y' \end{pmatrix} = \begin{pmatrix} x-y \\ x+y \end{pmatrix} \tag{5.41}$$

$$= x\begin{pmatrix} 1 \\ 1 \end{pmatrix} + y\begin{pmatrix} -1 \\ 1 \end{pmatrix} = xx'' + yy'' \tag{5.42}$$

と表した時，この Ax'', Ay'' を求め，x'', y'' が A の固有ベクトルとなっていることを確認せよ．また，それぞれの場合の固有値を求めよ．さらに，x'', y'' が互いに直交していることを確認し，その理由について述べよ．

解答 9

固有ベクトルの大きさを 1 に限定しなければ，$\lambda = 5$ の時，$\begin{pmatrix} -2 & -2 \\ -2 & -2 \end{pmatrix} x = 0$ を満たす x は，$x = \begin{pmatrix} -5 \\ 5 \end{pmatrix}$ となり，固有ベクトルが求められる．$\lambda = 1$ の時，$\begin{pmatrix} 2 & -2 \\ -2 & 2 \end{pmatrix} x = 0$ を満たす x は，$x = \begin{pmatrix} 1 \\ 1 \end{pmatrix}$ となり，固有ベクトルが求められる．これらは，互いに直交している．

5.10　行基本操作

$$A = \begin{pmatrix} 1 & 2 & 3 \\ 2 & 5 & 7 \\ 3 & 7 & 11 \end{pmatrix} \tag{5.43}$$

を行基本操作により解け．

解答 10

以下に示すように行基本変形を行って左側の対角要素を 1 として他の行を 0 とするように変形する（行列の基本操作）．

$$\begin{aligned} \begin{pmatrix} 1 & 2 & 3 & 1 & 0 & 0 \\ 2 & 5 & 7 & 0 & 1 & 0 \\ 3 & 7 & 11 & 0 & 0 & 1 \end{pmatrix} &\to \begin{pmatrix} 1 & 2 & 3 & 1 & 0 & 0 \\ 0 & 1 & 1 & -2 & 1 & 0 \\ 0 & 1 & 2 & -3 & 0 & 1 \end{pmatrix} \\ &\to \begin{pmatrix} 1 & 0 & 1 & 5 & -2 & 0 \\ 0 & 1 & 1 & -2 & 1 & 0 \\ 0 & 0 & 1 & -1 & -1 & 1 \end{pmatrix} \\ &\to \begin{pmatrix} 1 & 0 & 0 & 6 & -1 & -1 \\ 0 & 1 & 0 & -1 & 2 & -1 \\ 0 & 0 & 1 & -1 & -1 & 1 \end{pmatrix} \end{aligned} \tag{5.44}$$

5.11 平衡決定問題

次の $M = 2, N = 2, m = 2$ の場合の連立 1 次方程式,

$$2x_1 + x_2 = 3 \tag{5.45}$$

$$x_1 + 2x_2 = 3 \tag{5.46}$$

の解を求めよ.

解答 11

$$4x_1 + 2x_2 - (x_1 + 2x_2) = 6 - 3 \tag{5.47}$$

$$3x_1 = 3 \tag{5.48}$$

$$x_1 = 1 \tag{5.49}$$

$$x_2 = 3 - 2x_1 \tag{5.50}$$

$$= 3 - 2 \times 1 = 1 \tag{5.51}$$

5.12 優決定問題

$M = 3, N = 2, m = 2$ の場合の連立 1 次方程式の解を求めよ.

$$2x_1 + x_2 = 3 \tag{5.52}$$

$$x_1 + 2x_2 = 3 \tag{5.53}$$

$$x_1 + x_2 = 2 \tag{5.54}$$

解答 12

$$A^tA = \begin{pmatrix} 2 & 1 & 1 \\ 1 & 2 & 1 \end{pmatrix}\begin{pmatrix} 2 & 1 \\ 1 & 2 \\ 1 & 1 \end{pmatrix} = \begin{pmatrix} 6 & 5 \\ 5 & 6 \end{pmatrix} \tag{5.55}$$

$$A^tb = \begin{pmatrix} 2 & 1 & 1 \\ 1 & 2 & 1 \end{pmatrix}\begin{pmatrix} 3 \\ 3 \\ 2 \end{pmatrix} = \begin{pmatrix} 11 \\ 11 \end{pmatrix} \tag{5.56}$$

$$\begin{pmatrix} 6 & 5 \\ 5 & 6 \end{pmatrix}\begin{pmatrix} x_1 \\ x_2 \end{pmatrix} = \begin{pmatrix} 11 \\ 11 \end{pmatrix} \tag{5.57}$$

$$x_1 = 1 \tag{5.58}$$

$$x_2 = 1 \tag{5.59}$$

5.13　劣決定問題

次の $M = 1, N = 2, m = 1$ の連立 1 次方程式の解を求めよ．

$$2x_1 + x_2 = 3 \tag{5.60}$$

解答 13

$$AA^t = \begin{pmatrix} 2 & 1 \end{pmatrix}\begin{pmatrix} 2 \\ 1 \end{pmatrix} = 5 \tag{5.61}$$

$$A_m^- = A^t(AA^t)^{-1} = \frac{1}{5}\begin{pmatrix} 2 \\ 1 \end{pmatrix} = \begin{pmatrix} 2/5 \\ 1/5 \end{pmatrix} \tag{5.62}$$

$$x = A_m^- b_m = \begin{pmatrix} 2/5 \\ 1/5 \end{pmatrix} \times 3 = \begin{pmatrix} 6/5 \\ 3/5 \end{pmatrix} \tag{5.63}$$

5.14 ムーアペンローズ一般逆行列

ムーアペンローズ型一般逆行列が次の関係式を満足することを証明せよ．

$$(AA^+)^t = AA^+ \tag{5.64}$$

$$(A^+A)^t = A^+A \tag{5.65}$$

解答 14

$$A = BC \tag{5.66}$$

$$A^+ = C^t(CC^t)^{-1}(B^tB)^{-1}B^t \tag{5.67}$$

$$AA^+ = BCC^t(CC^t)^{-1}(B^tB)^{-1}B^t \tag{5.68}$$

$$= BI(B^tB)^{-1}B^t = B(B^tB)^{-1}B^t \tag{5.69}$$

$$(AA^+)^t = (B(B^tB)^{-1}B^t)^{-t} \tag{5.70}$$

$$= (B^t)^t((B^tB)^{-1})^tB^t \tag{5.71}$$

$$= (B^t)^t(B^t(B^t)^t)^{-1}B^t \tag{5.72}$$

$$= B(B^tB)^{-1}B^t \tag{5.73}$$

したがって，

$$(AA^+)^t = AA^+ \tag{5.74}$$

$$A^+A = C^t(CC^t)^{-1}(B^tB)^{-1}B^tBCC^t(CC^t)^{-1}IC \tag{5.75}$$

$$= C^t(CC^t)^{-1}C \tag{5.76}$$

両辺の転置は，

$$
\begin{aligned}
(A^+A)^t &= (C^t(CC^t)^{-1}C)^t && (5.77)\\
&= C^t((CC^t)^{-1})^t(C^t)^t && (5.78)\\
&= C^t((C^t)^tC^t)^{-1}(C^t)^t && (5.79)\\
&= C^t(CC^t)^{-1}C && (5.80)
\end{aligned}
$$

したがって，

$$
(A^+A)^t = A^+A \tag{5.81}
$$

となる．

5.15　ムーアペンローズ一般逆行列

ムーアペンローズの一般逆行列が次の関係式を満足することを証明せよ．

$$
\begin{aligned}
GG^+G &= G && (5.82)\\
G^+GG^+ &= G^+ && (5.83)\\
(G^t)^+ &= (G^+)^t && (5.84)
\end{aligned}
$$

解答例 15

$$
\begin{aligned}
GG^+G &= BCC^t(CC^t)^{-1}(B^tB)^{-1}B^tBC && (5.85)\\
&= BIIC = BC = G && (5.86)\\
G^+GG^+ &= C^t(CC^t)^{-1}(B^tB)^{-1}B^tBCC^t(CC^t)^{-1}(B^tB)^{-1}B^t && (5.87)\\
&= C^t(CC^t)^{-1}II(B^tB)^{-1}B^t && (5.88)\\
&= C^t(CC^t)^{-1}(B^tB)^{-1}B^t = G^+ && (5.89)\\
G^t &= C^tB^t && (5.90)\\
(G^t)^+ &= (B^t)^t(B^t(B^t)^t)^{-1}((C^t)^tC^t)^{-1}(C^t)^t && (5.91)
\end{aligned}
$$

$$= B(B^tB)^{-1}(CC^t)^{-1}C \tag{5.92}$$

$$G^+ = C^t(CC^t)^{-1}(B^tB)^{-1}B^t \tag{5.93}$$

$$(G^+)^t = (C^t(CC^t)^{-1}(B^tB)^{-1}B^t]^t \tag{5.94}$$

$$= B(BB^t)^{-1}(C^tC)^{-1}C \tag{5.95}$$

$$BB^t = B^tB \tag{5.96}$$

$$CC^t = C^tC \tag{5.97}$$

$$(G^t)^+ = (G^+)^t \tag{5.98}$$

5.16 LU 分解

次の正方行列を LU 分解せよ.

$$\begin{pmatrix} 1 & 1 & 2 \\ 1 & 6 & 3 \\ 2 & 2 & 7 \end{pmatrix} \tag{5.99}$$

解答例 16

$$L = \begin{pmatrix} 1 & 0 & 0 \\ 1 & 1 & 0 \\ 2 & 0 & 1 \end{pmatrix} \tag{5.100}$$

$$U = \begin{pmatrix} 1 & 1 & 2 \\ 0 & 5 & 1 \\ 0 & 0 & 3 \end{pmatrix} \tag{5.101}$$

5.17 ムーアペンローズ一般逆行列

$$G = \begin{pmatrix} 1 & 2 \\ -2 & -4 \end{pmatrix} \tag{5.102}$$

のムーアペンローズ一般逆行列を求めよ.

解答例 17

まず，LU 分解を行う.

$$L_0 = \begin{pmatrix} 1 & 0 \\ l_{21} & 1 \end{pmatrix} \tag{5.103}$$

$$U_0 = \begin{pmatrix} u_{11} & u_{12} \\ 0 & u_{22} \end{pmatrix} \tag{5.104}$$

したがって，次式が成立する必要がある.

$$L_0 U_0 = \begin{pmatrix} 1 & 0 \\ l_{21} & 1 \end{pmatrix} \begin{pmatrix} u_{11} & u_{12} \\ 0 & u_{22} \end{pmatrix} \tag{5.105}$$

$$= \begin{pmatrix} u_{11} & u_{12} \\ l_{21}u_{11} & l_{21}u_{12} + u_{22} \end{pmatrix} = G \tag{5.106}$$

これから次の関係式が導出できる.

$$u_{11} = 1 \tag{5.107}$$

$$u_{12} = 2 \tag{5.108}$$

$$l_{21}u_{11} = -2 \tag{5.109}$$

$$l_{21}u_{12} + u_{22} = -4 \tag{5.110}$$

これを連立して解くと，

$$u_{11} = 1 \tag{5.111}$$

$$u_{12} = 2 \tag{5.112}$$

$$l_{21} = -2/u_{11} = -2 \tag{5.113}$$

$$u_{22} = -4 - l_{21}u_{12} = -4 - (-2) \times 2 = 0 \tag{5.114}$$

となり，したがって，

$$L_0 = \begin{pmatrix} 1 & 0 \\ -2 & 1 \end{pmatrix} \tag{5.115}$$

$$U_0 = \begin{pmatrix} 1 & 2 \\ 0 & 0 \end{pmatrix} \tag{5.116}$$

となる．U_0 において 0 でない行だけからなる行列で U を構成すると，

$$U = (1 \quad 2) \tag{5.117}$$

となり，これに対応する L は，

$$L = \begin{pmatrix} 1 \\ -2 \end{pmatrix} \tag{5.118}$$

となる．これらから，

$$L^t G U^t = (1 \quad -2)\begin{pmatrix} 1 & 2 \\ -2 & -4 \end{pmatrix}\begin{pmatrix} 1 \\ 2 \end{pmatrix} \tag{5.119}$$

$$= (5 \quad 10)\begin{pmatrix} 1 \\ 2 \end{pmatrix} \tag{5.120}$$

$$= (25) \tag{5.121}$$

となり，さらに，

$$[L^t G U^t]^{-1} = 1/25 \tag{5.122}$$

であるので，

$$G^+ = U^t [L^t G U^t]^{-1} L^t \tag{5.123}$$

$$= \begin{pmatrix} 1 \\ 2 \end{pmatrix} \frac{1}{25} [1 \quad -2] \tag{5.124}$$

$$= \frac{1}{25}\begin{pmatrix} 1 & -2 \\ 2 & -4 \end{pmatrix} \tag{5.125}$$

となってムーアペンローズ一般逆行列が求められる．

5.18 固有値展開

固有値，固有ベクトルおよび固有値展開（分解）の物理的意味を述べよ．

解答例 18

2.19 固有値展開を参照せよ．

5.19　ムーアペンローズ一般逆行列

ムーアペンローズ一般逆行列は最小二乗やノルム最小一般逆行列と異なり，一意に決定できることを証明せよ．

解答例 19

式 3.307 を参照せよ．

5.20　特異値

特異値，特異ベクトルおよび特異値分解の物理的意味を述べよ．

解答例 20

2.19 固有値展開を参照せよ．特異値は固有値の平方根である．

5.21　解の吟味

最小二乗型一般化逆行列は予測誤差の L_2 ノルム最小の逆行列であり，データ解像度のディレクレの広がり関数を最小にする逆行列でもある．最小ノルム型一般化逆行列は解の L_2 ノルムを最小にする逆行列であり，モデル解像度のディレクレの広がり関数を最小にする逆行列である．これらを証明せよ．

解答例 21

3.4.1 優決定問題，3.4.2 劣決定問題を参照せよ．

5.22 正則化

不適切問題（不良設定問題）の例をあげ，これを解くための正則化の方法について述べよ．

解答例 22

未知変数が与えられる方程式の数よりも多い場合，すなわち，本書で定義する劣決定問題を不適切問題と呼ぶ．たとえば，目の網膜に映る 2 次元画像から 3 次元物理世界を知覚するような場合，不足する次元を先験的知識および経験から補っている．このように先験情報を考慮することによってはじめて不適切問題を解くことができる．不適切問題（劣決定問題）は係数行列が正則でないため，先験情報を加味することにより正則化して初めて解くことが可能になる．

適切設定問題とは (1) 解が存在する，(2) 解は一意である，(3) 解は初期値に依存する問題であり，これら 3 条件のうち，1 つでも満たされない場合を不適切設定と呼ぶ．3 次元空間 z からその映像である 2 次元画像 y を求めることは適切問題である．

$$Az = y \tag{5.126}$$

この係数行列は画像の生成過程を表し，これが線形であれば，線形逆問題の解法によって 2 次元画像から 3 次元空間を知覚できることになる．すなわち，係数行列が正則であるとして，

$$z = A^{-1}y \tag{5.127}$$

となって対象とする 3 次元物体を構築できる．しかし，A が正則であることはまれであり，このような場合，特異行列を式 2.269 のように正則化して解くことができる．2.20.5 の不適切問題の解法においてラグランジェの未定乗数として紹介した係数，λ は，そのため，正則化係数とも呼ばれている．

あとがき

線形代数の応用は，範囲が広すぎ，すべてをカバーすることは筆者には荷が勝ちすぎる．ここでは，連立 1 次方程式の解法に限定し，与えられる方程式の数と未知変数とのあらゆる関係において有用な解法を紹介することに努めた．特に，与えられる方程式の数が未知変数を下回る場合，すなわち，不良設定問題，または，劣決定問題の解法について詳述した．これら解法の応用も広範囲にわたり，筆者には荷が勝ちすぎる．

本書では，画像復元問題と地球観測衛星データから地表面の状態を推定する問題に限定してその応用を紹介するに止めた．このように，手法の応用，適用を理解した上で動機づけを高め，読み進める毎に例題を解き，理解度をチェックしながら独習できる本を目指した．本書が線形代数，その応用に興味をお持ちの読者の参考に供するならば，幸甚である．

索　引

著者略歴

新井　康平（あらい　こうへい）

1974年	日本大学大学院理工学研究科修士課程修了
1974－78年	東京大学生産技術研究所
1979－90年	宇宙開発事業団（現宇宙航空研究開発機構）
1982年	工学博士
1985－87年	カナダ政府給費留学生 （カナダ国立リモートセンシングセンター）
1990 －2014年	佐賀大学理工学部教授
1998年～	アリゾナ大学客員教授
2014年～	佐賀大学名誉教授，特任教授，現在に至る

著　書

『独習ウェーブレット解析』，近代科学社，2006

『Javaによる地球観測衛星画像処理法』，森北出版，2001

ほか多数

http://teagis.ip.is.saga-u.ac.jp/index.html

独習応用線形代数

—基礎から一般逆行列の理工学的応用まで—

2006 年 9 月 30 日　　初 版 発 行

2016 年 5 月 31 日　　初版第 2 刷発行

著　者　新　井　康　平

発行者　小　山　　透

発行所　株式会社近代科学社

〒 162-0843　東京都新宿区市谷田町 2-7-15

電話 03-3260-6161　　振替 00160-5-7625

http://www.kindaikagaku.co.jp

加藤文明社　　ISBN 978-4-7649-1046-1

定価はカバーに表示してあります．